LEÇONS

DE

MÉCANIQUE CÉLESTE.

41443 PARIS. — IMPRIMERIE GAUTHIER-VILLARS,
55, Quai des Grands-Augustins.

LEÇONS

DE

MÉCANIQUE CÉLESTE

PROFESSÉES A LA SORBONNE

PAR

H. POINCARÉ,

MEMBRE DE L'INSTITUT,

PROFESSEUR A LA FACULTÉ DES SCIENCES
DE PARIS.

TOME II. — IIe PARTIE.

THÉORIE DE LA LUNE.

PARIS,

GAUTHIER-VILLARS, IMPRIMEUR-LIBRAIRE

DU BUREAU DES LONGITUDES, DE L'ÉCOLE POLYTECHNIQUE,

Quai des Grands-Augustins, 55.

1909

LEÇONS

MÉCANIQUE CÉLESTE.

CHAPITRE XXIV.

GÉNÉRALITÉS SUR LA THÉORIE DE LA LUNE.

311. La théorie de la Lune doit être exposée en deux parties; dans la première partie, on cherche quel serait le mouvement de la Lune, si la Lune, le Soleil et la Terre existaient seuls et étaien, réduits à des points matériels; dans la seconde partie, on cherche comment ce mouvement est troublé par l'attraction des planètes et par l'influence de l'aplatissement terrestre.

La première partie n'est donc qu'un cas particulier du problème des trois corps, et la difficulté ne provient que de la grandeur relativement considérable des perturbations produites. Le rapport de la force perturbatrice à l'attraction du corps central est, comme nous l'avons vu au Chapitre II (p. 57), de l'ordre de

$$\frac{m_4}{m_7}\left(\frac{AC}{BC}\right)^3,$$

m_4 étant la masse du corps troublant, m_7 celle du corps central AC et BC les distances mutuelles des trois corps. Ce rapport est le produit de deux facteurs dont l'un est le rapport des masses et l'autre le cube du rapport des distances. Dans le cas des planètes, le premier facteur est très petit, et le second fini; dans le cas de la Lune, au contraire, le premier facteur est grand et le second très petit. Il en résulte que le produit des deux facteurs est petit sans

"

doute, sans quoi le problème ne pourrait se résoudre par approximations successives, mais beaucoup moins petit que dans le cas des planètes, de sorte que l'approximation est beaucoup plus lente.

La difficulté et l'importance du problème ont amené un grand nombre de géomètres à s'en occuper et l'étude de leurs recherches est extrêmement intéressante au point de vue historique; on en lira avec profit l'exposé dans le Tome III de la *Mécanique céleste,* de Tisserand. Mais aujourd'hui on peut dire qu'il n'y a plus que trois méthodes qui comptent : celle de Hansen, celle de Delaunay et celle de Hill-Brown.

Celle de Hansen est celle qui a servi à construire les Tables actuellement en usage. Ces Tables sont d'une exactitude remarquable et, si elles s'écartent des observations, les divergences ne sont pas dues à un défaut de la méthode (au moins tant qu'on ne considère que le Soleil, la Terre et la Lune), puisque les autres méthodes, plus satisfaisantes au point de vue théorique, semblent devoir conduire aux mêmes divergences, mais à l'omission de quelque terme provenant de l'action des planètes ou à quelque cause inconnue. Cette méthode est toutefois très compliquée et je renonce à l'exposer ici, renvoyant soit aux Ouvrages originaux de Hansen, soit au résumé qu'on trouvera au Chapitre XVII du Tome III de Tisserand. Le succès de Hansen paraît dû surtout à son habileté et à sa patience personnelles, et aussi à ce fait qu'il a cherché directement les valeurs numériques des coefficients sans passer par une expression algébrique où les constantes seraient représentées par des lettres.

Delaunay a fait tout le contraire, tous ses coefficients sont exprimés par des séries où figurent les différentes constantes du mouvement de la Lune et dont les coefficients sont des nombres rationnels exactement déterminés. Ces formules sont donc applicables, non seulement à la Lune, mais à un satellite quelconque (en le supposant unique). Il suffirait d'y substituer, au lieu des constantes relatives à la Lune, celles qui se rapporteraient à ce satellite. Il serait aisé également de voir immédiatement quelle serait l'influence d'une correction apportée à l'un des éléments de la Lune. La détermination des nombres rationnels qui servent de coefficients a exigé un travail énorme; si M. Andoyer a découvert quelques erreurs, c'est seulement dans les termes d'ordre très élevé, et qui n'entrent pas en ligne de compte avec l'approximation habituelle des Tables. Ce travail algébrique est resté longtemps inutilisé et c'est seulement tout dernièrement qu'il a été réduit en nombres.

Brown a pris une position intermédiaire. Ses coefficients ne sont ni purement numériques comme ceux de Hansen, ni purement analytiques comme ceux de Delaunay. Ils se présentent sous forme de séries procédant suivant les puissances des divers éléments, le rapport des moyens mouvements excepté; les coefficients de ces séries sont calculés numériquement, mais ces coefficients ne sont plus des nombres rationnels, ce sont des fonctions du rapport des moyens mouvements, qu'on pourrait également développer en séries, mais dont on se borne à déterminer la valeur numérique. Comme, d'autre part, la méthode de Brown était beaucoup plus directe que les autres, il a pu pousser l'approximation beaucoup plus loin que ses devanciers.

La méthode que nous exposerons ici est celle de Brown avec quelques modifications; c'est elle, en effet, qui nous permet le mieux d'utiliser les résultats obtenus dans le Tome I et de rattacher ainsi la théorie de la Lune à la théorie générale du problème des trois corps.

312. Nous adopterons les notations du Chapitre II, Tome I, et nous renverrons en particulier au n° 42. Nous désignerons donc par

$$m_1 = m_2 = m_3 \quad \text{la masse de la Lune,}$$
$$m_4 = m_5 = m_6 \quad \text{la masse du Soleil,}$$
$$m_7 = m_8 = m_9 \quad \text{la masse de la Terre:}$$

par

$$x_1, \quad x_2, \quad x_3 \quad \text{les coordonnées de la Lune,}$$
$$x_4, \quad x_5, \quad x_6 \quad \text{les coordonnées du Soleil,}$$
$$x_7, \quad x_8, \quad x_9 \quad \text{les coordonnées de la Terre;}$$

par A, B, C les positions des trois corps : Lune, Soleil, Terre, par D le centre de gravité du système Lune, Terre; par

$$x'_1, \quad x'_2, \quad x'_3 \quad \text{les trois projections du vecteur AC,}$$
$$x'_4, \quad x'_5, \quad x'_6 \qquad\qquad \text{»} \qquad\qquad\qquad \text{BD.}$$

Nous poserons

$$m'_1 = m'_2 = m'_3 = \frac{m_1 m_7}{m_1 + m_7}, \qquad m'_4 = m'_5 = m'_6 = \frac{m_1(m_1 + m_7)}{m_1 + m_4 + m_7},$$

$$y'_i = m'_i \frac{dx'_i}{dt};$$

$$T_1 = \frac{1}{2}\left(\frac{y'^2_1}{m'_1} + \frac{y'^2_2}{m'_2} + \frac{y'^2_3}{m'_3}\right), \qquad T_2 = \frac{1}{2}\left(\frac{y'^2_4}{m'_4} + \frac{y'^2_5}{m'_5} + \frac{y'^2_6}{m'_6}\right),$$

de sorte que T_1 représente la force vive de la Lune dans son mouvement relatif par rapport à la Terre, en lui attribuant fictivement la masse m'_1, tandis que T_2 représente la force vive du Soleil dans son mouvement relatif par rapport au point D, en lui attribuant fictivement la masse m'_4.

Nous poserons en outre (*voir* t. I, p. 55)

$$U_1 = -\frac{m_1 m_7}{AC}, \qquad U_2 = -\frac{m_4(m_1 + m_7)}{BD},$$

$$U_3 = m_1 m_4\left(\frac{1}{BD} - \frac{1}{AB}\right) + m_4 m_7\left(\frac{1}{BD} - \frac{1}{BC}\right),$$

$$F = T_1 + T_2 + U_1 + U_2 + U_3 = \Phi_0 + m'_1 \Phi_1 \quad (^1),$$

$$\Phi_0 = T_2 + U_2, \qquad m'_1 \Phi_1 = T_1 + U_1 + U_3.$$

Nous avons vu que U_3 est comparable au $\frac{1}{100}$ de T_1 et de U_1 et au $\frac{1}{10000000}$ de T_2 et de U_2, ce qui nous permet de négliger U_3 devant Φ_0.

313. Les équations du mouvement prennent la forme canonique

$$(1) \qquad \frac{dx'_i}{dt} = \frac{dF}{dy'_i}, \qquad \frac{dy'_i}{dt} = -\frac{dF}{dx'_i}.$$

Si nous faisons $i = 4, 5, 6$, nous voyons que les dérivées de

---

(¹) Je trouve plus avantageux de poser

$$F = \Phi_0 + m'_1 \Phi_1,$$
$$y' = m'_1 y''$$

au lieu de

$$F = \Phi_0 + m_1 \Phi_1,$$
$$y' = m_1 y'',$$

comme au Tome I.

$T_i + U_i$ sont nulles, que celles de U_3 sont négligeables devant celles de Φ_0, de sorte qu'il reste

$$(2) \qquad \frac{dx_i'}{dt} = \frac{d\Phi_0}{dy_i'}, \qquad \frac{dy_i'}{dt} = -\frac{d\Phi_0}{dx_i'} \qquad (i = 4, 5, 6),$$

ce qui prouve que le mouvement du Soleil par rapport au point D peut être regardé comme képlérien.

Si nous faisons $i = 1, 2, 3$, les dérivées de Φ_0 sont nulles et il reste

$$(3) \qquad \frac{dx_i'}{dt} = m_1' \frac{d\Phi_1}{dy_i'}, \qquad \frac{dy_i'}{dt} = -m_1' \frac{d\Phi_1}{dx_i'} \qquad (i = 1, 2, 3).$$

Les seconds membres des équations (3) dépendent encore de x_4', x_5', x_6'; mais ces quantités étant déterminées par les équations (2) peuvent être regardées comme des fonctions connues du temps. Si on les remplace alors par leurs valeurs en fonctions du temps, les équations (3) se présentent sous la forme canonique, mais de telle façon que la fonction caractéristique Φ_1 dépende explicitement du temps (comme au n° 12).

D'autre part, si l'on veut éviter la présence du petit facteur m_1, il suffit de poser comme au n° 121 (t. I, p. 162) :

$$y_i' = m_1' y_i'' \qquad (i = 1, 2, 3).$$

Les équations (3) restent canoniques et deviennent

$$(3\ bis) \qquad \frac{dx_i}{dt} = \frac{d\Phi_1}{dy_i''}, \qquad \frac{dy_i''}{dt} = -\frac{d\Phi_1}{dx_i'}.$$

314. Il faut maintenant appliquer les principes des Chapitres X et XII. Les résultats en ont été résumés en particulier au n° 177. On y voit que les éléments osculateurs peuvent être développés suivant les puissances de μ et des expressions

$$(4) \qquad E_k \cos w_k', \qquad E_k \sin w_k',$$

suivant les cosinus et les sinus des multiples des arguments w'', les coefficients des développements dépendant encore de n constantes d'intégration W_i (s'il y a $n-1$ corps).

Les E sont des constantes d'intégration de l'ordre des excentricités et des inclinaisons. Les arguments w' et w'' varient proportionnellement au temps, et l'on a

$$w'_k = -\gamma'_k t - \varpi'_k, \qquad w''_i = n'_i t - \varpi_i;$$

les ϖ et les ϖ' sont des constantes d'intégration ; les n' et les γ' sont des constantes développables (*cf.* n° 179) suivant les puissances de μ et des E^2.

Nous avons vu ensuite au n° 192 que les coordonnées héliocentriques (ici géocentriques), c'est-à-dire x'_1, x'_2, x'_3, sont développables de la même manière, et qu'il en est encore de même de y'_1, y'_2, y'_3. Les développements prennent d'ailleurs la forme (*cf.* t. I, p. 327)

$$(5) \qquad \sum A \, \Pi(E^q) \, \frac{\cos}{\sin} \left(\sum k w'' - \sum p w' \right),$$

les q, les k et les p étant des entiers et l'on a

$$(6) \qquad \sum k - \sum p = 0$$

dans les développements de x'_3, x'_6, y'_3, y'_6.

$$(7) \qquad \sum k - \sum p = 1$$

dans ceux de x'_1, x'_2, x'_4, x'_5, y'_1, y'_2, y'_4, y'_5 (*cf.* n°⁶ 116, 162, 187 et 192, p. 328).

Nous n'avons que des cosinus dans les développements de

$$x'_1, \quad x'_3, \quad x'_4, \quad x'_6, \quad y'_2, \quad y'_3.$$

Nous n'avons au contraire que des sinus dans ceux de

$$x'_2, \quad x'_5, \quad y'_1, \quad y'_3, \quad y'_4, \quad y'_6$$

(*cf.* n° 190 et aussi n° 192).

Le nombre des arguments w' est de 4 ; celui des arguments w'' de 2 (n° 193). Mais l'un des moyens mouvements γ'_4 est nul et w'_4 se réduit à une constante. Si d'ailleurs on prend le plan invariable pour plan des $x_1 x_2$, on a $E_4 = 0$, de sorte que l'argument w'_4 ne figure plus dans les développements et qu'il ne reste plus que cinq arguments :

$$(8) \qquad \begin{cases} w'_1, & w''_1, \\ w'_2, & w''_2, \\ w'_3. \end{cases}$$

Une nouvelle simplification provient de ce fait que la masse de la Lune étant très petite, le mouvement du Soleil par rapport au point D peut être regardé comme képlérien. Le plan invariable que nous avons pris pour plan des $x_1 x_2$ n'est alors autre chose que le plan de l'orbite solaire. D'autre part w'_3, qui n'est autre chose, au signe près, que la longitude du périhélie de l'orbite solaire képlérienne, se réduit à une constante, et il ne nous reste plus que quatre arguments distincts : w'_1, w'_2, w''_1, w''_2, dont il est aisé d'apercevoir la signification : w''_1 est la longitude moyenne de la Lune, je ne veux pas dire la longitude moyenne sur l'orbite osculatrice, mais pour ainsi dire la longitude moyenne moyenne; w''_2, c'est la longitude moyenne du Soleil; — w'_1, c'est la longitude *moyenne* du périgée lunaire; — w'_2, c'est la longitude *moyenne* du nœud.

De même E_1 est une constante qui joue un rôle analogue à l'excentricité lunaire; E_2 joue le rôle de l'inclinaison; E_3 joue le rôle de l'excentricité solaire, et nous pouvons même profiter de l'indétermination de cette constante E_3 pour supposer qu'elle est précisément égale à cette excentricité solaire.

Dans les développements de

$$x'_1, \quad x'_2, \quad y'_1, \quad y'_2,$$

l'exposant de E_2 et le coefficient de w'_2 seront toujours pairs. Ils seront toujours impairs, au contraire, dans ceux de

$$x'_3, \quad y'_3$$

(*cf.* n° 191).

Si $E_3 = 0$, c'est-à-dire si l'orbite solaire est supposée circulaire, nos développements ne dépendent plus de w'_3, mais de l'argument

$$k_1 w''_1 + k_2 w''_2 + p_1 w'_1 + p_2 w'_2,$$

où l'expression

$$k_1 + k_2 - p_1 - p_2$$

est égale à zéro pour les distances mutuelles et pour x'_3, et à 1 pour x'_1 et x'_2.

Si de plus l'inclinaison est nulle, c'est-à-dire si $E_2 = 0$, les termes dépendant de w'_2 disparaissent; on a donc $x'_3 = 0$, et dans les distances mutuelles des trois corps figure seulement l'argument

$$k_1 w''_1 + k_2 w''_2 + p_1 w'_1.$$

où

$$p_1 = k_1 + k_2.$$

Elles dépendent alors seulement des deux arguments

$$w_1'' + w_2'', \qquad w_2'' + w_1',$$

et elles sont développables suivant les puissances de

$$E_1 \cos(w_2'' + w_1'), \quad E_1 \sin(w_2'' + w_1').$$

C'est le cas du problème restreint.

Si nous revenons à l'hypothèse $E_2 \gtrless 0$, $E_3 = 0$, l'intégrale de Jacobi a encore lieu.

315. Nous avons posé plus haut (n° 312) :

$$m_1 \Phi_1 = T_1 + U_1 + U_3;$$

nous ferons d'abord observer :

1° Que U_3 est beaucoup plus petit que $T_1 + U_1$;

2° Que T_1 et U_1 dépendent seulement des masses m_1 et m_7 et des coordonnées de la Lune, c'est-à-dire des inconnues $x_1', x_2', x_3', y_1', y_2', y_3'$;

3° Que U_3 dépend en outre de la masse m_4 du Soleil et des coordonnées du Soleil, qui sont des fonctions connues du temps et des éléments de l'orbite solaire.

D'autre part, comme AC est beaucoup plus petit que BD, on a (*cf.* t. I, p. 55) :

$$(9) \qquad U_3 = - m_4 \sum \frac{m_1 m_7'' \pm m_7 m_1''}{(m_1 + m_7)^n} P_n \frac{AC^n}{BD^{n+1}},$$

P_n étant une fonction de l'angle des deux directions AC et BD, fonction définie Tome I, page 49, et la série (9) convergeant très rapidement.

Nous voyons comment U_3 dépend des masses et des éléments du Soleil.

1° Il est proportionnel à m_4 ;

2° $\dfrac{U_3}{m_1'}$ ne dépend que du rapport $\dfrac{m_1}{m_7}$;

3° U_3 dépend en outre des éléments de l'orbite terrestre, à savoir : de la longitude du périhélie — w'_3, qui est une constante ; de la longitude moyenne du Soleil — w'_2, qui varie proportionnellement au temps ; de l'excentricité solaire, que j'ai désignée plus haut par E_3, et enfin du demi grand axe de l'orbite solaire que je désignerai par a'.

Voyons comment chacun des termes de la série (9) dépend de a'. La distance AC ne dépend que des coordonnées de la Lune, le facteur P_n dépend d'un angle ; il ne dépendra donc pas de a', mais seulement des autres éléments du Soleil. Quant à BD^{n+1}, c'est la puissance $n + 1^{\text{ième}}$ d'une longueur, il sera donc proportionnel à a'^{n+1}. Le rapport $\dfrac{a'}{BD}$ sera indépendant de a'. Nous pouvons donc écrire

$$(10) \qquad U_3 = - m_4 \sum \frac{m_1 m''_1 - m_2 m''_1}{(m_1 - m_2)^4} P_n AC^n \left(\frac{a'}{BD} \right)^{n+1} \frac{1}{a'^{n+1}},$$

et comme tous les facteurs sauf le dernier sont indépendants de a', nous aurons le développement de U_3 suivant les puissances décroissantes de a'. Le premier terme du développement (10) est

$$- m_4 \frac{m_1 m_2}{m_1 - m_2} P_2 AC^2 \left(\frac{a'}{BD} \right)^3 \frac{1}{a'^3},$$

de sorte que nous pouvons écrire

$$\frac{U_3}{m_4} = \frac{m_2}{a'^3} \sum Q_n \frac{1}{a'^n},$$

Q_n étant indépendant de m_4 et de a'.

Le facteur $\dfrac{m_2}{a'^3}$ est petit. c'est lui qui joue le rôle de μ. D'ailleurs a' est une constante et notre fonction perturbatrice se trouve développée en une série très convergente procédant suivant les puissances de $\dfrac{1}{a'}$. Cette constante $\dfrac{1}{a'}$ pourrait donc aussi jouer le rôle de μ ; de sorte qu'en appliquant les principes précédents, nous trouverions que nos inconnues peuvent se développer suivant les puissances de

$$\frac{m_4}{a'^3} \qquad \text{et de} \qquad \frac{1}{a'}.$$

D'autre part, la troisième loi de Kepler nous donne

$$(m_7 + m_4) = a'^3 n_2^2,$$

d'où

$$\mu = \frac{m_4}{a'^3} = n_2^2 \; \frac{1}{1 - \dfrac{m_7}{m_4}}.$$

Le second facteur est une constante connue; elle est si voisine de l'unité que nous pouvons prendre simplement

$$\mu = n_2^2.$$

Il semble donc que nous devions conclure que nos coordonnées vont être développables suivant les puissances de n_2^2 et de $\frac{1}{a'}$. Mais avant d'adopter cette conclusion, il convient d'y regarder de plus près. Φ_1 et U_2 dépendent de n_2 de deux manières :

1° Directement, à cause du facteur $\mu = \frac{m_4}{a'^3}$ qui affecte U_3;

2° Indirectement, parce que U_3 dépend en outre de w''_2, qui est égal à $n_2 t$.

Pour pouvoir appliquer les principes du Chapitre X, il faut regarder n_2 (en tant qu'il entre par w''_2) et μ comme deux variables indépendantes. Dans ces conditions, nos développements procéderont suivant les puissances de μ, mais les coefficients seront des fonctions des différentes constantes et en particulier de n_2. Or nous avons vu que les intégrations introduisent des petits diviseurs de la forme $k_1 n_1 + k_2 n_2$; l'un de ces petits diviseurs est précisément n_2.

Considérons donc un terme quelconque du développement dépendant de ce petit diviseur qui est n_2; soit α l'exposant de μ et β celui du petit diviseur, de telle façon que notre terme contienne en facteur

$$\mu^\alpha n_2^{-\beta} = n_2^{2\alpha - \beta}.$$

L'expression $\alpha - \frac{\beta}{2}$ représente ce que nous avons appelé la *classe* du terme, et nous avons démontré au n° 198 que cette classe était toujours positive ou nulle.

L'exposant $2\alpha - \beta$ de n_2 ne peut donc pas être négatif, mais il n'y a pas de raison pour qu'il soit pair.

Ce n'est donc pas suivant les puissances de n_2^2 et de $\frac{1}{a'}$ que nos développements procèdent, mais suivant celles de n_2 et de $\frac{1}{a'}$. Nous verrons dans la suite, à la fin du Chapitre XXVIII, qu'il peut même, mais seulement pour des termes d'ordre très élevé, s'introduire de petits diviseurs en n_2^2 ou n_2^3. Il en résulte que n_2 pourra, dans certains termes du développement, figurer à une *puissance négative.*

316. Nous trouvons donc finalement

$$x' = f(m_1, m_7, m_4; n_1, \mathrm{E}_1, \mathrm{E}_2; w''_1, w'_1, w'_2; a', \mathrm{E}_3, w''_2, w'_3).$$

Nos coordonnées dépendent en effet des trois masses, des quatre arguments w''_1, w''_2, w'_1, w'_2; des deux constantes d'intégration E_1 et E_2 introduites plus haut; d'une troisième constante pour laquelle nous pouvons choisir le moyen mouvement n_1; des éléments de l'orbite solaire a', E_3 et w'_3.

Nous pouvons remplacer m_1 par $a'^3 n_2^2$ et introduire une nouvelle constante a définie par

$$m_1 - m_7 = n_1^2 a^3.$$

Alors m_4 et m_7 sont des fonctions de $\frac{m_1}{m_7}$ et de $n_1^2 a^3$, de sorte que nous pouvons écrire

$$x' = f\left(\frac{m_1}{m_7}, a, n_1, \mathrm{E}_1, \mathrm{E}_2, w''_1, w''_2, w'_1, w'_2, a', n_2, \mathrm{E}_3, w'_3\right).$$

Il faut faire intervenir maintenant des considérations d'homogénéité :

a et a' sont des longueurs, de même que les x';

$\frac{1}{n_1}$ et $\frac{1}{n_2}$ sont des temps;

les E sont des nombres, ou du moins on peut profiter de l'indétermination de leur définition pour le supposer;

$\frac{m_1}{m_7}$ et les w sont des nombres.

Dans ces conditions, pour que la formule soit indépendante

des unités de longueur et de temps, on doit avoir

$$x' = a\, f\left(\frac{n_2}{n_1},\ \frac{a}{a'}\right).$$

Je n'écris pas explicitement celles des variables qui sont des nombres. Nous poserons

$$\frac{n_2}{n_1} = m', \qquad \frac{a}{a'} = \alpha,$$

et comme nos expressions sont développables suivant les puissances de n_2 et de $\frac{1}{a'}$, nous voyons qu'elles le seront suivant les puissances de m' et de α; la constante m est le rapport des moyens mouvements; α est ce qu'on appelle la *parallaxe*.

On aura d'abord, en différentiant par rapport au temps,

$$\gamma_i'' = \frac{m_1'}{m_1}\cdot\frac{dx_i'}{dt} = \frac{1}{1 + \dfrac{m_1}{m_7}}\,\frac{dx_i'}{dt},$$

et, par conséquent, par raison d'homogénéité,

$$y_i'' = n_2\, a\, f\left(\frac{n_2}{n_1},\ \frac{a}{a'}\right) = n_2\, a\, f(m',\, \alpha),$$

et, d'autre part,

$$\Phi_1 = n_1^2\, a^2\, f\left(m',\, \alpha;\, \frac{x_i'}{a},\, \frac{y_i''}{n_1 a};\, \frac{m_1}{m_7};\, \mathrm{E}_3,\, w_2'',\, w_3'\right).$$

317. Il convient encore de faire quelques remarques au sujet de la symétrie. Nos développements procèdent suivant les puissances de

$$m',\quad \alpha,\quad \mathrm{E}_1\,{\cos\atop\sin}\,w_1',\quad \mathrm{E}_2\,{\cos\atop\sin}\,w_2',\quad \mathrm{E}_3\,{\cos\atop\sin}\,w_3',$$

et l'argument du terme général est

$$k_1 w_1'' + k_2 w_2'' + p_1 w_1' + p_2 w_2' + p_3 w_3.$$

On a $\sum k - \sum p = 0$ pour x_3' et $= 1$ pour x_1' et x_2'. D'ailleurs p_2 est pair pour x_1' et x_2' et impair pour x_3'; d'où il suit que

$$k_1 + k_2 - p_1 - p_3$$

est toujours impair. D'autre part, p_3 est toujours de même parité
que l'exposant de E_3; donc $k_1 + k_2 - p_1 - 1$ est toujours de parité
opposée à cet exposant.

Soit maintenant q_0 l'exposant de la parallaxe ϖ; nous voyons
que la position du Soleil ne change pas quand on change

$$a', \quad w''_2, \quad w'_3$$

en

$$-a', \quad w''_2 + \pi, \quad w'_3 + \pi.$$

Dans ce cas, les coordonnées du Soleil ne changeant pas, rien
ne doit changer puisque, dans nos équations, a', w''_2, w'_3 ne s'introduisent que par les coordonnées du Soleil.

Or, dans ces conditions, un terme quelconque se trouve multiplié par

$$(-1)^{q_0 + k_2 + p_3};$$

on doit donc avoir

$$q_0 + k_2 - p_3 \equiv 0 \qquad (\text{mod. } 2).$$

D'autre part nous avons trouvé

$$k_1 + k_2 - p_1 - p_3 \equiv 1$$

pour les trois coordonnées x'_1, x'_2, x'_3, et par conséquent

$$k_1 + p_1 + q_0 \equiv 1.$$

Pour les distances mutuelles nous aurions trouvé

$$k_1 + k_2 - p_1 - p_2 - p_3 = 0, \qquad p_2 \equiv 0,$$
$$k_1 + k_2 \quad p_1 \quad - p_3 \equiv 0,$$

d'où

$$k_1 + p_1 + q_0 \equiv 0.$$

Un peu plus loin (n° 320) nous poserons

$$x = \quad x'_1 \cos w_2 + x'_2 \sin w_2,$$
$$y = - x'_1 \sin w_2 + x'_2 \cos w_2.$$

On voit que si k_2 est pair dans le développement de x'_1 et x'_2,
il sera impair dans celui de x et y et inversement. On aura donc,
pour x et y,

$$q_0 - k_2 + p_3 \equiv 1,$$

et pour les termes indépendants de ϖ et de E_3, c'est-à-dire si

$q_0 = p_3 = o$, on aura

$$k_2 \equiv 1.$$

318. Nous allons donner une formule importante pour ce qui
va suivre, et, pour l'établir, nous reproduirons à peu près le raisonnement du n° **120**, en nous appuyant sur le théorème du n° **16**.
D'après ce théorème, si l'on a un système d'équations canoniques

$$\frac{dx}{dt} = \frac{dF}{dy}, \qquad \frac{dy}{dt} = -\frac{dF}{dx},$$

et si les x et les y sont supposés exprimés en fonctions des constantes d'intégration α et du temps t, on a l'identité

$$\sum x \, dy = d\Omega + \sum A \, d\alpha - F \, dt,$$

où Ω est défini par l'équation

$$\frac{d\Omega}{dt} = F + \sum x \frac{dy}{dt} = F - \sum x \frac{dF}{dx},$$

et où les A sont indépendants du temps et dépendent seulement
des α.

Ici nous avons les équations (3 *bis*)

$$\frac{dx_i'}{dt} = \frac{d\Phi_1}{dy_i''}, \qquad \frac{dy_i''}{dt} = -\frac{d\Phi_1}{dx_i'}.$$

Elles sont bien de la forme canonique, mais Φ_1 dépend non
seulement des inconnues x' et y'', mais encore du temps, ce qui
nous oblige à appliquer l'artifice du n° 12. Si Φ_1 dépend explicitement du temps, c'est par l'intermédiaire des coordonnées du
Soleil, qui elles-mêmes sont des fonctions périodiques de l'argument w_2''. Nous introduirons donc deux variables auxiliaires u et v.

Nous pouvons écrire Φ_1 sous la forme

$$\Phi_1(x', y''; w_2''),$$

et poser

$$F' = \Phi_1(x', y''; u) + n_2 v.$$

Nous avons alors, si nous voulons que $u = w_2'' = n_2 t + \varpi_2$,

$$\frac{du}{dt} = n_2 = \frac{dF'}{dv},$$

et nous pouvons écrire les équations canoniques

$$(11) \quad \begin{cases} \dfrac{dx'}{dt} = \dfrac{dF'}{dy''}, & \dfrac{dy''}{dt} = -\dfrac{dF'}{dx'}, \\[2ex] \dfrac{du}{dt} = \dfrac{dF'}{dv}, & \dfrac{dv}{dt} = -\dfrac{dF'}{du}. \end{cases}$$

Nous ajoutons arbitrairement la quatrième équation qui peut être regardée comme la définition de v. Nous poserons d'ailleurs, pour unifier les notations,

$$w_1 = w''_1, \qquad w_2 = w''_2,$$
$$w_3 = w'_1, \qquad w_4 = w'_2,$$

et. d'autre part,

$$w_i = n_i t + \varpi_i.$$

ce qui ne change pas la définition de n_1, n_2, ϖ_1 et ϖ_2.

Les équations restent canoniques et F' ne dépend plus explicitement du temps; nous pouvons donc écrire

$$(12) \quad \sum x' \, dy'' + u \, dv = d\Omega + \sum A \, dz - F' \, dt.$$

Mais

$$F' \, dt = (\Phi_1 + n_2 v) \, dt = \Phi_1 \, dt + v(du - d\varpi_2),$$

ce qui nous permet d'écrire

$$(13) \quad \sum x' \, dy'' = d(\Omega - uv) + \sum A \, dz - \Phi_1 \, dt + v \, d\varpi_2.$$

Quelles sont nos constantes d'intégration α? Nous avons d'abord m', E_1 et E_2, que nous appellerons les constantes β; nous avons ensuite les constantes ϖ qui figurent dans les arguments w.

Le système (11) étant du huitième ordre, il y a une huitième constante, mais nous n'avons pas à nous en inquiéter, car elle n'entre que dans la variable parasite v. C'est la constante K qui figure dans le second membre de l'équation

$$n_2 v + \Phi_1 = K.$$

Quant aux autres constantes, ce sont celles du Soleil, elles doivent être regardées comme connues et non comme des constantes d'intégration. Parmi les sept constantes que nous conservons, nous distinguerons les ϖ et les trois autres (m', E_1, E_2) que nous appellerons les $\dot{\beta}$. Je puis écrire alors, en distinguant les coefficients de ces deux sortes de constantes.

$$\sum x'\, dy'' = d(\Omega - uc) + \sum A\, d\varpi + \sum B\, d\beta - \Phi_1\, dt + c\, d\varpi_2,$$

et en posant

$$\Omega' = \Omega - uc,$$

nous arrivons à la formule

$$(14) \qquad \sum x'\, dy'' = d\Omega' + \sum A\, d\varpi + \sum B\, d\beta - \Phi_1\, dt + c\, d\varpi_2.$$

La fonction Ω' se trouve alors définie à une fonction arbitraire près des constantes β et ϖ, par l'équation

$$(15) \qquad \frac{d\Omega'}{dt} = \Phi_1 + \sum x'\, \frac{dy''}{dt}.$$

Le second membre est une fonction des constantes β et des arguments w, périodique par rapport aux w.

Désignons par H la valeur moyenne de cette fonction périodique, ce sera une fonction des β seulement. Nous pourrons alors supposer que

$$\Omega' = H\, t + \Omega''.$$

Ω'' étant une fonction des β et des w, périodique par rapport aux w. La valeur moyenne de cette fonction périodique peut être choisie arbitrairement puisque Ω' n'est définie qu'à une fonction arbitraire près des constantes, nous la supposerons nulle. Dans ces conditions Ω'' est fonction seulement des β et des w.

Nous poserons alors comme au n° 129

$$(16) \qquad \sum x'\, dy'' - d\Omega'' = \sum W_i\, dw_i + \sum C_i\, d\beta_i,$$

et nous reconnaîtrons que les W et les C sont des fonctions des β et des w, périodiques par rapport aux w. Nous avons donc l'identité suivante en rapprochant les équations (14) et (16)

$$(17) \qquad \sum W\, dw + \sum C\, d\beta - d(H\, t) = \sum A\, d\varpi + \sum B\, d\beta - \Phi_1\, dt + c\, d\varpi_2.$$

Cette équation doit devenir une identité quand on y remplace w_i

par $n_i t + \varpi_i$. Alors notre relation (17) peut s'écrire

$$\sum W(n\,dt - t\,dn + d\varpi) - \sum C\,d\beta - H\,dt - t\,dH$$

$$= \sum A\,d\varpi + \sum B\,d\beta - \Phi_1\,dt + v\,d\varpi_2,$$

d'où, en identifiant les coefficients des diverses différentielles,

$$(18) \qquad \left\{ \begin{aligned} &\Phi_1 = H - \sum W n, \\ &W_i = A_i \qquad (i \gtrless 2), \\ &W_2 = A_2 + v, \\ &t\sum W \cdot \frac{dn}{d\beta} - C = B - t\frac{dH}{d\beta}. \end{aligned} \right.$$

Discutons les équations (18) et appliquons-leur les lemmes des n°s 108 et suivants. Si nous prenons d'abord l'équation $W_i = A_i$, nous voyons que le premier membre doit être une fonction des β et des w, périodique par rapport aux w, et que le second doit être une fonction des β et des ϖ. D'ailleurs cette équation doit devenir une identité quand on y remplace w par $nt + \varpi$. Cela n'est possible que si W_i et A_i sont fonctions des β seulement (pour $i = 1, 3$ ou 4).

Si nous prenons maintenant la dernière équation (18), nous verrons que le premier membre se compose d'une fonction C périodique des w, et d'une autre fonction périodique des w multipliée par t; et le second membre d'une fonction B des β et des ϖ et d'une autre fonction des β multipliée par t. L'identité n'est possible que si l'on a séparément

$$\sum W \cdot \frac{dn}{d\beta} = \frac{dH}{d\beta},$$

$$C = B = \text{fonction des } \beta.$$

On aura donc

$$(19) \qquad \sum W\,dn = dH,$$

et, en rapprochant de la première équation (18),

$$(20) \qquad d\Phi_1 = - \sum n\,dW.$$

Nous remarquerons que dans la somme $\sum W\,dn$, le terme $W_2\,dn_2$

ne figure pas, puisque n_2 est une constante donnée et que par conséquent $dn_2 = 0$.

Nous avons dit que W_1, W_3, W_4 dépendent seulement des β, voyons ce que nous pouvons dire de W_2, nous avons l'équation

$$W_2 = A_2 + v,$$

où W_2 est une fonction des β et des w périodique par rapport aux w, où

$$n_2 v = K - \Phi_1,$$

K étant notre huitième constante, tandis que Φ_1 est une fonction des β et des w, périodique par rapport aux w; quant à A_2, c'est une fonction des huit constantes β, ϖ et K. Nous avons donc l'identité

$$(21) \qquad n_2 W_2 + \Phi_1 = n_2 A_2 + K,$$

dont le premier membre est fonction des β et des w, périodique en w, et le second membre fonction des β, de K et des ϖ. L'identité n'est possible que si les membres sont fonctions des β seulement. J'écrirai alors la première équation (18) sous la forme

$$(n_2 W_2 + \Phi_1) + n_1 W_1 + n_3 W_3 + n_4 W_4 = H,$$

où chaque terme du premier membre et le second membre sont fonctions des β seulement.

Nous avons vu plus haut que quelques-unes de nos coordonnées sont des fonctions paires et d'autres des fonctions impaires des arguments

$$w''_1, \quad w''_2, \quad w'_1, \quad w'_2, \quad w'_3.$$

Le dernier de ces arguments w'_3 est une constante que l'on peut regarder comme donnée une fois pour toutes; nous pouvons la supposer nulle, ce qui revient à prendre pour l'axe des x_1 le grand axe de l'orbite terrestre. Dans ces conditions nos coordonnées seront des fonctions paires ou impaires des quatre arguments

$$w_1 = w''_1, \qquad w_2 = w''_2, \qquad w_3 = w'_1, \qquad w_4 = w'_2.$$

Les fonctions suivantes seront paires :

$$x'_1, \quad x'_3, \quad y''_2, \quad \frac{dx'_2}{dt}, \quad \frac{dy''_1}{dt}, \quad \frac{dy''_3}{dt}, \quad \Phi_1, \quad \frac{d\Omega'}{dt},$$

$$H, \quad W, \quad A, \quad v, \quad n, \quad x'\frac{dy''}{dt}, \quad x'\frac{dy''}{dw}, \quad \frac{d\Omega'}{dw}.$$

Les suivantes seront impaires :

$$x'_2, \quad y''_1, \quad y''_3, \quad \frac{dx'_1}{dt}, \quad \frac{dx'_3}{dt}, \quad \frac{dy''_2}{dt},$$

$$\Omega', \quad \Omega'', \quad C, \quad B, \quad x'y'', \quad x'\frac{dy''}{d\beta}, \quad \frac{d\Omega'}{d\beta}.$$

Ce que je voulais faire remarquer, c'est que C devant être indépendant des w et en même temps fonction impaire des w, devra être nulle, de sorte que nous aurons simplement

$$\sum x'\,dy'' - d\Omega'' = \sum W\,dw,$$

et à cause des équations (18) et (21)

$$(22) \qquad \sum x'\,dy'' - d\Omega'' = \sum A'_i\,dw_i - \frac{\Phi_1\,dw_2}{n_2},$$

où l'on a posé

$$A'_i = A_i = W_i \qquad (i = 1, 3, 4),$$
$$A'_2 = A_2 + \frac{K}{n_2},$$

de telle façon que les A' dépendent seulement des β.

319. De la formule (22) on peut déduire une série de formules importantes, que nous écrirons sous la forme

$$\sum x'\frac{dy''}{d\beta} - \frac{d\Omega''}{d\beta} = 0,$$

$$\sum x'\frac{dy''}{dw_i} - \frac{d\Omega''}{dw_i} = A'_i \qquad\qquad (i = 1, 3, 4),$$

$$\sum x'\frac{dy''}{dw_2} - \frac{d\Omega''}{dw_2} = A'_2 - \frac{\Phi_1}{n_2},$$

et, en particulier, pour la constante m',

$$\sum x'\frac{dy''}{dm'} - \frac{d\Omega''}{dm'} = 0.$$

Mais, dans l'application de cette dernière formule, il faut faire attention à une chose ; nous avons écrit plus haut (p. 12)

$$x' = a f(m', \alpha), \qquad y'' = n_2 a f(m', \alpha),$$

où $\alpha = \dfrac{a}{a'}$. Il faut alors faire attention que x' et y'' dépendent de m', non seulement directement, mais par l'intermédiaire de a qui est fonction de m', et par l'intermédiaire de α qui est égal à $\dfrac{a}{a'}$.

320. Axes tournants. — On peut avoir un grand avantage à rapporter le système à des axes tournants autour de l'origine avec une vitesse angulaire n_2; ces avantages ressortent déjà de ce que nous avons dit plus haut au n° 313; nous avons vu en effet que lorsque $E_3 = o$, les équations du mouvement se présentent sous une forme particulièrement simple en employant ce système d'axes.

Il serait facile d'établir les équations du mouvement par des procédés élémentaires, mais il sera préférable de rattacher la transformation aux principes du Chapitre I. Je reprends les équations (11) du n° 318; d'autre part, pour me rapprocher des notations de MM. Hill et Brown, je désigne par x, y, z les coordonnées de la Lune par rapport aux axes tournants, de telle sorte que l'on ait

$$
\begin{aligned}
x &= x'_1 \cos u + x'_2 \sin u, \\
y &= - x'_1 \sin u + x'_2 \cos u, \\
z &= x'_3.
\end{aligned}
$$

L'angle u est l'angle des axes mobiles avec les axes fixes; c'est donc $w_2 = w''_2 = n_2 t + \varpi_2$; la lettre u a donc la même signification qu'au n° 318; je poserai ensuite

$$
\begin{aligned}
y''_1 &= X \cos u - Y \sin u, \\
y''_2 &= X \sin u + Y \cos u, \\
y''_3 &= Z,
\end{aligned}
$$

et enfin

$$
v' = v - (X y - Y x).
$$

Dans ces conditions on a

$$
\begin{aligned}
dx &= dx'_1 \cos u + dx'_2 \sin u + y\, du, \\
dy &= - dx'_1 \sin u + dx'_2 \cos u - x\, du,
\end{aligned}
$$

et, par conséquent,

$$
\sum y'' dx' + v\, du = X\, dx + Y\, dy + Z\, dz + v'\, du.
$$

Le changement de variables est donc canonique et les équations (11) (p. 15) deviennent

$$(23) \quad \begin{cases} \dfrac{dx}{dt} = \dfrac{dF'}{dX}, & \dfrac{dX}{dt} = -\dfrac{dF'}{dx}, \\[2mm] \dfrac{du}{dt} = \dfrac{dF'}{dv'}, & \dfrac{dv'}{dt} = -\dfrac{dF'}{du}, \end{cases}$$

avec les équations qu'on déduit des premières par permutations circulaires de x, y, z et de X, Y, Z.

On a d'ailleurs

$$F' = \frac{T_1 - U_1 + U_3}{m'_1} + n_2 v' + n_2 (X y - Y x),$$

$$T_1 = \frac{m'_1}{2} \sum y''^2 = \frac{m'_1}{2} \sum X^2$$

et les équations (23) nous auraient donné

$$\frac{dx}{dt} = X + n_2 y, \qquad \frac{dy}{dt} = Y - n_2 x, \qquad \frac{dz}{dt} = Z,$$

$$\frac{dX}{dt} = \frac{d\psi}{dx} = \frac{d\Phi'_1}{dx}, \qquad \frac{du}{dt} = n_2,$$

en posant

$$\psi = \frac{U_1 + U_3}{m'_1} + n_2 (X y - Y x), \qquad \Phi'_1 = \psi + \frac{1}{2} \sum X^2 = F' - n_2 v'$$

Remarquons que nous avons

$$(24) \quad \begin{cases} n_2 (X y - Y x) = n_2 \left(\dfrac{dx}{dt} y - \dfrac{dy}{dt} x \right) - n_2^2 (x^2 + y^2), \\[2mm] \dfrac{1}{2} \sum X^2 = \dfrac{1}{2} \sum \left(\dfrac{dx}{dt} \right)^2 - n_2 \left(\dfrac{dx}{dt} y - \dfrac{dy}{dt} x \right) + \dfrac{n_2^2}{2} (x^2 + y^2), \\[2mm] \dfrac{1}{2} \sum X^2 - n_2 (X y - Y x) = \dfrac{1}{2} \sum \left(\dfrac{dx}{dt} \right)^2 - \dfrac{n_2^2}{2} (x^2 + y^2), \\[2mm] n_2 (X y - Y x) = n_2 (y''_1 x'_2 - y''_1 x'_1). \end{cases}$$

La dernière des formules (24) nous fait connaître le sens du terme complémentaire $n_2 (X y - Y x)$; il représente, au facteur constant près n_2, la constante des aires dans le mouvement absolu.

Dans le cas où $E_3 = 0$, F' ne dépend plus de x, y, z, X, Y, Z, et pas de u. On retrouve donc l'intégrale de Jacobi qui peut s'écrire

$$F' - n_2 v' = \frac{1}{2} \sum X^2 + \frac{U_1 + U_3}{m'_1} + n_2 (X y - Y x) = \text{const.},$$

ou bien

$$\frac{1}{2} \sum \left(\frac{dx}{dt} \right)^2 + \frac{U_1 + U_3}{m'_1} - \frac{n_2^2}{2} (x^2 - y^2) = \text{const.}$$

Nous trouvons ensuite

$$\sum y'' dx' = \sum X \, dx - (Xy - Yx) \, du,$$

$$\sum y'' x' \ = \sum X x ;$$

d'où

$$\sum x' \, dy'' = \sum x \, dX + (Xy - Yx) \, du,$$

et, en rapprochant de la formule (22) et remarquant que $u = w_2$,

$$(25) \qquad \sum x \, dX - d\Omega'' = \sum A'_i \, dw_i - \frac{\Phi'_1 \, dw_2}{n_2},$$

en posant

$$\Phi'_1 = \Phi_1 + n_2 (Xy - Yx) = F' - n_2 v'.$$

D'autre part Ω'' est encore défini par

$$(26) \qquad \frac{d\Omega''}{dt} = \Phi'_1 + \sum x \frac{dX}{dt} - H,$$

H étant une constante choisie de telle façon que la valeur moyenne du second membre soit nulle. Il suffit en effet de se reporter à la formule (15) et de remarquer que

$$\sum x' \frac{dy''}{dt} = \sum x \frac{dX}{dt} + n_2 (Xy - Yx).$$

321. Choix des constantes. — Il importe de comparer aux notations précédentes, celles qui ont été employées par Hansen, par Delaunay et par Brown. Delaunay emploie les arguments suivants :

$$D = w''_1 - w'_2 = w_1 - w_2 = \text{distance moyenne Lune-Soleil,}$$
$$F = w''_1 + w'_2 = w_1 + w_4 = \text{distance moyenne Lune-nœud,}$$
$$l = w''_1 + w'_1 = w_1 + w_3 = \text{anomalie moyenne Lune.}$$
$$l' = w''_2 + w'_3 \qquad = \text{anomalie moyenne Soleil;}$$

ou si $w'_3 = o$, comme nous l'avons supposé, $l' = w''_2 = w_2 = u$. Hansen prend pour arguments :

$$g = w_1 + w_3, \qquad g' = w_2,$$
$$\omega = w_4 + w_3, \qquad \omega' = w_4.$$

Brown adopte les arguments de Delaunay, mais dans ses formules figurent plus habituellement les exponentielles imaginaires

$$\zeta = e^{iD}, \qquad \zeta^m = e^{il'}, \qquad \zeta^g = e^{iF}, \qquad \zeta^c = e^{il}.$$

Il faut aussi comparer comment sont notées les constantes qui correspondent à celles que nous avons désignées plus haut par a, m', E, E_2, E_3.

La constante E_3, excentricité du Soleil, est partout désignée par e'; le rapport des deux moyens mouvements que nous avons appelé m' est désigné par Delaunay par m. Au contraire, ce que Brown désigne par m, c'est le rapport

$$\frac{n_2}{n_1 - n_2} = \frac{m'}{1 - m'} = \frac{\text{mouvement sidéral du Soleil}}{\text{mouvement synodique de la Lune}}.$$

Nous poserons comme lui

$$m = \frac{m'}{1 - m'};$$

il est aisé de voir que m' peut se développer suivant les puissances de m et que, par conséquent, toutes nos séries qui procèdent suivant les puissances de m' peuvent être développées suivant les puissances de m; la convergence s'en trouve même augmentée, on verra plus loin pourquoi.

Les constantes qui correspondent à a, E_1 sont désignées par Delaunay et Brown par a, e; mais elles sont définies d'une manière différente. Pour Brown a est le coefficient de $\zeta = e^{iD}$ dans le développement de $x + iy$, et par conséquent celui de $\cos D$ dans celui de x, ou plutôt a est défini de façon qu'il en soit ainsi, si l'on néglige E_1, E_2 et E_3; pour Delaunay, a est défini par l'égalité

$$m_1 + m_2 = n_1^2\, a^3,$$

ce qui vaut mieux.

Delaunay définit e de telle façon que le terme principal de l'équation du centre ait même expression que dans le mouvement képlérien; pour Brown, au contraire, e est le coefficient de $a \sin l$ dans le développement de $x'_1 \sin w_1 - x'_2 \cos w_1$. Ici la différence est importante puisque le e de Brown est à peu près le double de celui de Delaunay.

La constante d'inclinaison qui correspond à E_3 est désignée par γ par Delaunay et définie de telle façon que l'expression du terme principal de la latitude soit la même que dans le mouvement elliptique. Elle est désignée par K par Brown et définie comme le coefficient de $2a \sin F$ dans le développement de z.

On voit que toutes les définitions de Delaunay font jouer le premier rôle aux coordonnées polaires, et celles de Brown aux coordonnées rectangulaires. Ces différences n'ont aucune importance, et l'on pourrait faire varier les définitions de bien d'autres manières sans rien altérer d'essentiel.

322. Il importe de se rendre compte de la grandeur de ces différentes constantes. On a sensiblement

$$m = \frac{1}{12}, \qquad m' = \frac{1}{13}, \qquad e' = \frac{1}{60}, \qquad K \text{ ou } \gamma = \frac{1}{20},$$

$$e = \frac{1}{10} \text{ (Brown) ou } \frac{1}{20} \text{ (Delaunay)}, \qquad \alpha = \frac{1}{400}.$$

Nos séries procèdent suivant les puissances de ces diverses quantités, mais il importe de remarquer que dans le coefficient d'un même cosinus, ou d'un même sinus, l'exposant de e, e', K, α est toujours de même parité, de sorte qu'en réalité nos séries procèdent suivant les puissances de

$$m = \frac{1}{12}, \qquad e^2 = \frac{1}{100} \text{ ou } \frac{1}{400}, \qquad K^2 = \frac{1}{400}, \qquad e'^2 = \frac{1}{3600},$$

$$\alpha^2 = \frac{1}{160\,000}.$$

Aussi la convergence sera-t-elle beaucoup plus rapide par rapport aux excentricités et aux inclinaisons que par rapport à m qui joue le rôle du coefficient μ dans la théorie des planètes exposée au Tome I. C'est le contraire de ce qui arrive dans le cas des planètes. Aussi convient-il de développer, non pas d'abord par rapport à μ, puis par rapport aux excentricités, mais au contraire d'abord par rapport aux excentricités et ensuite par rapport à m. C'est là la différence essentielle entre la théorie de la Lune et celle des planètes.

CHAPITRE XXV.

LA VARIATION.

323. Nous commencerons par déterminer les termes qui sont d'ordre *zéro*, par rapport aux excentricités, à l'inclinaison et à la parallaxe, c'est-à-dire par rapport aux E et à α. Ces termes ne peuvent dépendre de w'_1, w'_2, w'_3; ils seront donc des termes en

$$\begin{array}{c}\cos\\\sin\end{array} (k_1 w_1 + k_2 w_2).$$

Si nous adoptons les variables x, y, z du n° 320, nous verrons d'abord que z est nul puisque l'inclinaison est supposée nulle; d'autre part, d'après le n° 192, t. I. on a

$$k_1 = - k_2.$$

Ensuite, d'après le n° 190, t. I, x et Y ne contiennent que des cosinus, tandis que y et X ne contiennent que des sinus.

Enfin, d'après le n° 317, l'exposant de α étant nul, k_2 doit être impair. En résumé le terme général dans x et dans y sera respectivement en

$$\cos(2k + 1)(w_1 - w_2), \qquad \sin(2k + 1)(w_1 - w_2),$$

ou $\cos(2k + 1)$D. $\sin(2k + 1)$D, en introduisant l'argument D de Delaunay (*cf* n° 321).

Pour former les équations du problème, il faut reprendre les équations générales établies au n° 320 et y faire $\alpha = E_3 = 0$. Faire $\alpha = 0$, c'est négliger la parallaxe, c'est-à-dire réduire U_3 à son premier terme, ce qui donne

$$\frac{U_3}{m_1} = - \frac{m_4}{a'^3} P_2 A C^2,$$

P_2 étant le polynome de Legendre

$$P_2 = \frac{3\cos^2\gamma - 1}{2}.$$

On a d'ailleurs, puisque $z = 0$,

$$AC^2 = x^2 + y^2,$$

et puisque BD est parallèle à l'axe des x (l'excentricité E_3 étant nulle et par conséquent le mouvement de B autour de D circulaire et uniforme), puisque par conséquent γ est l'angle de AC avec l'axe des x,

$$AC\cos\gamma = x,$$

d'où, finalement,

$$P_2 AC^2 = \frac{2x^2 - y^2}{2}.$$

Mais nous avons trouvé plus haut au n° 320

$$F' - n_2 v' = \frac{X^2 + Y^2}{2} - \frac{U_1 + U_3}{m'_1} + n_2(Xy - Yx).$$

Rappelons d'autre part que

$$\frac{U_1}{m'_1} = -\frac{m_1 + m_7}{AC}, \qquad \frac{m_i}{a'^3} = n_2^2,$$

d'où

$$\frac{U_3}{m'_1} = -n_2^2\frac{2x^2 - y^2}{2},$$

d'où enfin

$$F' = n_2 v' + \frac{X^2 - Y^2}{2} - \frac{m_1 + m_7}{AC} - n_2^2\frac{2x^2 - y^2}{2} + n_2(Xy - Yx).$$

Comme F' ne dépend pas de u, la variable auxiliaire v' se réduit à une constante et ne joue aucun rôle, et les équations canoniques (23) du Chapitre précédent deviennent

$$(1) \quad \begin{cases} \dfrac{dx}{dt} = X + n_2 y, \qquad \dfrac{dy}{dt} = Y - n_2 x, \\[2mm] \dfrac{dX}{dt} = -\dfrac{m_1 + m_7}{AC^3}\, x + 2n_2^2 x + n_2 Y, \\[2mm] \dfrac{dY}{dt} = -\dfrac{m_1 + m_7}{AC^3}\, y - n_2^2 y - n_2 X. \end{cases}$$

Mais les deux premières équations nous montrent que

$$\frac{dX}{dt} = \frac{d^2 x}{dt^2} - n_2 \frac{dy}{dt}, \qquad \frac{dY}{dt} = \frac{d^2 y}{dt^2} + n_2 \frac{dx}{dt},$$

$$\frac{dX}{dt} - n_2 Y = \frac{d^2 x}{dt^2} - 2 n_2 \frac{dy}{dt} - n_2^2 x,$$

$$\frac{dY}{dt} + n_2 X = \frac{d^2 y}{dt^2} + 2 n_2 \frac{dx}{dt} - n_2^2 y.$$

de sorte que les dernières équations (1) deviennent

$$(2) \quad \begin{cases} \dfrac{d^2 x}{dt^2} - 2 n_2 \dfrac{dy}{dt} - 3 n_2^2 x + \dfrac{m_1 + m_7}{AC^3} x = 0, \\[2ex] \dfrac{d^2 y}{dt^2} + 2 n_2 \dfrac{dx}{dt} + \dfrac{m_1 + m_7}{AC^3} y = 0. \end{cases}$$

Ces équations peuvent être mises sous une autre forme; si nous posons

$$w''_1 - w''_2 = D = \tau,$$

cela revient à changer l'unité de temps de telle sorte que l'argument de Delaunay joue le rôle de temps. On a alors, d'après le n° **321**,

$$\frac{d\tau}{dt} = n_1 - n_2 = \frac{n_2}{m}.$$

Si alors nous posons

$$\chi = \frac{m_1 + m_7}{(n_1 - n_2)^2},$$

les équations deviendront

$$(3) \quad \begin{cases} \dfrac{d^2 x}{d\tau^2} - 2 m \dfrac{dy}{d\tau} - 3 m^2 x + \dfrac{\chi x}{AC^3} = 0, \\[2ex] \dfrac{d^2 y}{d\tau^2} - 2 m \dfrac{dx}{d\tau} - \dfrac{\chi y}{AC^3} = 0. \end{cases}$$

Telle est la forme particulièrement simple que prennent les équations du mouvement de la Lune quand on néglige :

1° La parallaxe;
2° L'excentricité solaire;
3° L'inclinaison.

Le problème que nous proposons maintenant est de trouver une solution particulière de cette équation; à savoir celle qui correspond au cas où la constante E_1 est nulle. Comme nous venons de voir que x et y sont développables suivant les cosinus et les sinus des multiples de $2D$, ou de 2τ, nous voyons que *cette solution particulière est une solution périodique*. Le problème a été entièrement résolu par Hill dans un Mémoire de tout premier ordre dont nous allons exposer les principaux résultats (*American Journal of Mathematics*, t. 1).

324. Équations homogènes. — Ainsi que nous l'avons vu au Chapitre précédent ces équations admettent l'intégrale de Jacobi, qui s'écrit

$$\frac{1}{2}\left[\left(\frac{dx}{d\tau}\right)^2 + \left(\frac{dy}{d\tau}\right)^2\right] - \frac{3\,m^2}{2}\,x^2 = \frac{\varkappa}{r} + \mathbf{C}.$$

C'est d'ailleurs une combinaison immédiate des équations (3). Ici $r = \sqrt{x^2 + y^2}$ désigne la distance AC.

Nous avons donc trois équations que je puis écrire en mettant x' et x'' pour $\dfrac{dx}{d\tau}$ et $\dfrac{d^2x}{d\tau^2}$, ce qui n'a plus d'inconvénient; nous obtenons ainsi

$$(4)\quad\begin{cases} x'' - 2\,m\,y' - 3\,m^2\,x + \dfrac{\varkappa x}{r^3} = 0, \\[2ex] y'' - 2\,m\,x' \qquad\qquad - \dfrac{\varkappa y}{r^3} = 0, \\[2ex] \dfrac{x'^2 + y'^2}{2} - \dfrac{3\,m^2}{2}\,x^2 - \dfrac{\varkappa}{r} = C. \end{cases}$$

Entre ces trois équations nous allons éliminer $\varkappa$; nous trouverons

$$(5)\quad\begin{cases} xx'' + yy'' - 2\,m\,(yx' - xy') - \dfrac{1}{2}(x'^2 + y'^2) - \dfrac{9\,m^2\,r^2}{2} = C, \\[2ex] yx'' - xy'' - 2\,m\,(yy' + xx') - 3\,m^2\,xy \qquad\qquad = 0. \end{cases}$$

La première s'obtient en multipliant les trois équations (4) par x, y et 1, et la seconde en les multipliant par y, $-x$ et 0 et ajoutant.

On voit tout de suite que les premiers membres des équations (5) sont des polynomes homogènes du second degré par rapport à x, y et leurs dérivées.

325. Équations imaginaires. — Hill met encore ces équations sous une autre forme en introduisant les notations

$$u = x + iy, \qquad s = x - iy.$$

Elles deviennent alors

$$(6) \quad \begin{cases} us'' + u''s - 2mi(us' - su') + u's' - \dfrac{9\,m^2}{4}(u + s)^2 = 2\,\mathrm{C}, \\[2mm] us'' - u''s - 2mi(us' + su') \qquad\quad - \dfrac{3\,m^2}{2}(u^2 - s^2) = 0\,; \end{cases}$$

ces deux équations peuvent être remplacées par une seule

$$(7) \qquad us'' - 2mius' + \frac{u's'}{2} - \frac{m^2}{8}(15\,u^2 + 18\,us + 3\,s^2) = \mathrm{C},$$

à laquelle il convient d'adjoindre son imaginaire conjuguée

$$(8) \qquad u''s + 2misu' + \frac{u's'}{2} - \frac{m^2}{8}(15\,s^2 + 18\,us + 3\,u^2) = \mathrm{C}.$$

Il est aisé de vérifier en effet que les deux équations (6) ne sont autre chose que la somme et la différence des équations (7) et (8).

326. Les équations (3) forment un système du quatrième ordre, elles conviennent pour l'étude des termes de degré *zéro* et pour les termes qui dépendent seulement de l'excentricité lunaire E_1, mais sont indépendants de l'inclinaison E_2, de la parallaxe α, et de l'excentricité solaire E_3. L'excentricité lunaire E_1 est l'une de nos constantes d'intégration ; si nous la supposons nulle, il ne subsistera que les termes de degré *zéro*, que nous nous proposons actuellement d'étudier. L'ensemble de ces termes de degré *zéro* représente donc une solution particulière de nos équations (3) ; comme ces termes dépendent d'un seul argument $D = \tau$, ils sont périodiques.

Le problème revient donc à chercher une *solution périodique* des équations (3).

Si l'on construit la trajectoire T du point x, y *par rapport aux axes tournants*, cette trajectoire sera une courbe fermée, puisque x et y sont des fonctions périodiques du temps. Comme x ne contient que des cosinus, et y seulement des sinus ; comme d'autre part les développements de x et de y ne contiennent que des termes dépendant des multiples *impairs* de τ, les deux axes des x et des y seront des axes de symétrie pour cette courbe fermée T.

En éliminant $\varkappa$ entre les équations (4) et en regardant C comme une constante arbitraire, nous formons un système (5) ou (6), ou (7) et (8) qui peut être regardé comme plus général, puisque ce système ne change pas quand on change x, y et C en λx, λy, $\lambda^2 C$, en désignant par λ une constante quelconque. Si une courbe fermée T satisfait aux équations (3), elle satisfera également aux équations (7) et (8); mais ces équations (7) et (8) admettront en outre pour solution toute courbe homothétique à T par rapport à l'origine.

Le problème a été entièrement résolu par Hill, ainsi que je l'ai rappelé dans mes *Méthodes nouvelles de la Mécanique céleste* (t. I, p. 97). Pour les petites valeurs de m, Hill trouve une courbe ayant la forme générale d'une ellipse, pour $m = 1,78$, il trouve une courbe avec deux points de rebroussement situés sur l'axe des x.

S'il avait poussé plus loin, il aurait sans doute trouvé une courbe avec deux points doubles symétriquement situés sur l'axe des x; puis ces deux points doubles se seraient confondus en un seul situé à l'origine, puis ils auraient disparu et la courbe T serait redevenue une courbe fermée sans point double mais parcourue dans le sens rétrograde. Mais les premières courbes déterminées par Hill ont seules de l'intérêt pour l'étude du mouvement de notre satellite.

327. Calcul des coefficients. — Voici à quoi revient la méthode de M. Hill, pour les petites valeurs de m. Au lieu des équations (3) envisageons les équations plus générales

$$(3\,\textit{bis})\quad \left\{ \begin{aligned} &x'' - 2py' - \frac{3}{2}p^2 x - \frac{3}{2}m^2 x + \frac{\varkappa x}{r^3} = 0, \\[1em] &y'' + 2px' - \frac{3}{2}p^2 y + \frac{3}{2}m^2 y + \frac{\varkappa y}{r^3} = 0. \end{aligned} \right.$$

En les traitant comme plus haut on en déduirait, au lieu de (7) et (8), les équations

$$(7\,\textit{bis})\quad us'' - 2pius' + \frac{u's'}{2} - \frac{9}{4}p^2 us = \frac{m^2}{8}(15u^2 + 3s^2) + C,$$

$$(8\,\textit{bis})\quad su'' + 2pisu' + \frac{u's'}{2} - \frac{9}{4}p^2 us = \frac{m^2}{8}(3u^2 + 15s^2) + C.$$

Nous allons développer la solution suivant les puissances croissantes de m^2; une fois la solution obtenue, nous y ferons $p = m$ pour retomber sur les équations (3).

Supposons le problème résolu et posons

$$(9) \quad \begin{cases} \zeta = e^{i\tau}, \qquad \dfrac{u}{\zeta} = u_0 + m^2 u_1 + \ldots + m^{2q} u_q + \ldots \\[2mm] \dfrac{s}{\zeta^{-1}} = s_0 + m^2 s_1 + m^4 s_2 + \ldots + m^{2q} s_q + \ldots, \\[2mm] C = C_0 + m^2 C_1 + m^4 C_2 + \ldots + m^{2q} C_q + \ldots \end{cases}$$

Il s'agit de déterminer par approximations successives, d'abord u_0, s_0, C_0, puis u_1, s_1, C_1, puis u_2, s_2, C_2; ..., et ainsi de suite.

On prendra d'abord

$$u_0 = s_0 = 1, \qquad C_0 = -\frac{1}{2} - 2p - \frac{9}{4}p^2.$$

Quand on aura remplacé dans (7 *bis*) et (8 *bis*) u, s et C par leurs développements (9), on trouvera dans le premier membre des termes de la forme

$$m^{2\alpha + 2\beta} u_\alpha s_\beta.$$

et d'autres d'une forme analogue où u_α ou s_β, ou tous deux, ont été remplacés par l'une de leurs deux premières dérivées. Dans le second membre on trouvera des termes de la forme

$$m^{2\alpha + 2\beta + 2} \zeta^2 u_\alpha u_\beta,$$

ou de la forme

$$m^{2\alpha + 2\beta + 2} \zeta^{-2} s_\alpha s_\beta,$$

ou encore de la forme

$$m^{2\alpha} C_\alpha.$$

Je suppose qu'on ait déterminé dans les approximations précédentes

$$\begin{aligned} &u_0, \quad u_1, \quad \ldots \quad \text{jusqu'à } u_{q-1}; \\ &s_0, \quad s_1, \quad \ldots \quad \text{\guillemotright} \quad s_{q-1}; \\ &C_0, \quad C_1, \quad \ldots, \quad \text{\guillemotright} \quad C_{q-1}; \end{aligned}$$

et qu'on veuille déterminer u_q, s_q, C_q. Égalons les coefficients de m^{2q}.

Dans le premier membre nous devrons retenir les termes qui

contiennent m^{2q} en facteurs, c'est-à-dire ceux où

$$\alpha + \beta = q.$$

Ces termes ne contiendront que des quantités connues sauf ceux où $\alpha = q$, $\beta = o$, ou bien encore ceux où $\alpha = o$, $\beta = q$. Dans le second membre nous devrons retenir ceux où

$$\alpha + \beta = q - 1,$$

ils ne contiendront que des quantités connues; nous devons encore retenir le terme $m^{2q}\,C_q$ qui est inconnu.

Les termes encore inconnus du premier membre de (7 *bis*) s'obtiendront donc de la façon suivante; prenons par exemple le terme

$$us'',$$

je puis l'écrire

$$us'' = u\,[\,s\,\zeta\,\zeta^{-1}\,]'' = u\,\zeta^{-1}\,[\,(s\zeta)'' - 2\,i\,(s\zeta)' + (s\zeta)\,].$$

Or, on a, par les développements (9),

$$(s\zeta) = \sum m^{2\beta}s_\beta, \qquad (s\zeta)' = \sum m^{2\beta}s'_\beta, \qquad (s\zeta)'' = \sum m^{2}\,s''_\beta,$$

$$u\,\zeta^{-1} = \sum m^{2\alpha}u_\alpha.$$

Nous devons, d'après ce qui précède, retenir les termes tels que $\alpha + \beta = q$; nous distinguons parmi eux ceux qui contiennent une des inconnues s_q ou u_q; c'est-à-dire les termes tels que $\alpha = o$, $\beta = q$, ou bien $\alpha = q$, $\beta = o$. Les termes à conserver sont donc les suivants (en rappelant que $u_0 = 1$, $s_0 = 1$, $s'_0 = o$, $s''_0 = o$):

$$s''_q - 2\,i\,s'_q - s_q - u_q.$$

Nous opérerions de la même façon sur les autres termes du premier membre et il nous resterait comme termes, contenant l'une des inconnues,

$$(10)\quad \left\{ \begin{array}{l} s''_q + \left(2\,p + \dfrac{3}{2}\right)i\,s'_q - \left(\dfrac{9p^2}{4} + 2\,p + \dfrac{1}{2}\right)s_q \\[2ex] \quad - i\,\dfrac{u'_q}{2} - \left(\dfrac{9p^2}{4} + 2\,p + \dfrac{1}{2}\right)u_q. \end{array} \right.$$

Conservons ces termes (10) dans le premier membre, et faisons passer au contraire dans le deuxième membre tous les termes qui ne contiennent que des quantités connues; nous obtiendrons une équation de la forme

$$(11) \qquad \Delta(s_q, u_q) = \Phi_q + C_{2q}.$$

Dans cette équation, $\Delta(s_q, u_q)$ n'est autre chose que l'expression (10); c'est donc une combinaison linéaire à coefficients constants de s_q, u_q et de leurs dérivées. La fonction Φ_q est l'ensemble des termes *connus* qui se trouvaient dans le deuxième membre ou qu'on y a fait passer. C'est une fonction périodique de τ.

En opérant de la même façon sur (8 *bis*) on aurait obtenu

$$(12) \qquad \Delta'(s_q, u_q) = \Phi'_q + C_q;$$

$\Delta'(s_q, u_q)$ est l'expression

$$u_q'' - \left(2p + \frac{3}{2}\right) i u_q' - \left(\frac{9p^2}{4} + 2p + \frac{1}{2}\right) u_q$$
$$+ \frac{i s_q'}{2} - \left(\frac{9p^2}{4} + 2p + \frac{1}{2}\right) s_q,$$

imaginaire conjuguée de $\Delta(s_q, u_q)$ et déduite par conséquent de $\Delta(s_q, u_q)$ en permutant s_q et u_q et changeant i en $-i$.

Φ'_q est l'imaginaire conjugée de Φ_q; c'est donc une fonction connue et périodique de τ, développable suivant les puissances positives et négatives de ζ^2. Pour passer de Φ_q à Φ'_q, il suffit de changer ζ en ζ^{-1} et de remplacer les coefficients numériques par leurs imaginaires conjuguées; nous verrons plus loin que ces coefficients numériques sont toujours réels et par suite que cette dernière opération est inutile.

Quoi qu'il en soit, nos fonctions inconnues se trouvent déterminées par les équations (11) et (12) qui forment un système d'équations linéaires à coefficients constants et à second membre.

Soient, par exemple, a, a', ξ et τ_1 les coefficients de ζ^k dans Φ_q, Φ'_q, u_q et s_q; il s'agit de déterminer les coefficients inconnus ξ et τ_1 à l'aide des coefficients connus a et b.

Pour cela, les équations (11) et (12) nous donnent

$$\eta\left[-k^2 - \left(2p - \frac{3}{2}\right)k - \left(\frac{9p^2}{4} + 2p + \frac{1}{2}\right)\right] + \xi\left[\frac{k}{2} - \left(\frac{9p^2}{4} + 2p + \frac{1}{2}\right)\right] = a,$$
$$\xi\left[-k^2 - \left(2p + \frac{3}{2}\right)k - \left(\frac{9p^2}{4} + 2p + \frac{1}{2}\right)\right] + \tau_1\left[-\frac{k}{2} - \left(\frac{9p^2}{4} + 2p + \frac{1}{2}\right)\right] = a'.$$

Ces deux équations du premier degré nous donneront ξ et η.

Le cas de $k = 0$ mérite une mention spéciale; d'abord les premiers membres des deux équations (13) deviennent identiques; ensuite il faut tenir compte dans les seconds membres du terme C_q; les équations s'écrivent alors

$$(14) \quad \left\{ \begin{aligned} -(\xi + \eta)\left(\frac{9p^2}{4} + 2p + \frac{1}{2}\right) &= a + C_q, \\ -(\xi + \eta)\left(\frac{9p^2}{4} + 2p + \frac{1}{2}\right) &= a' + C_q. \end{aligned} \right.$$

Elles ne peuvent être satisfaites que si $a = a'$; or a et a' sont imaginaires conjuguées par définition; les équations ne peuvent donc être satisfaites que si a est réel; nous verrons plus loin qu'il en est toujours ainsi.

Les équations (14) nous donneront donc pour $\xi + \eta$ une valeur réelle A; on prendra $\xi = \eta = \frac{A}{2}$, de telle façon que ξ et η soient imaginaires conjuguées, et en même temps réelles.

La présence de C_q introduit une indétermination dans le problème. On peut supposer que la constante C est une donnée de la question; alors C ne dépend pas de m et l'on doit faire dans (14) $C_q = 0$.

On peut également s'imposer la condition que le coefficient de ζ dans u et celui de ζ^{-1} dans s soient égaux à 1. Ce coefficient ne dépendant pas de m, on doit avoir $\xi = \eta = 0$, de sorte que la première équation (14) se réduit à

$$0 = a + C_q,$$

ce qui détermine C_q.

328. Je dis d'abord que les coefficients de tous les termes du développement de u et de s seront réels. En effet, supposons que cela soit vrai pour

$$u_0, \quad u_1, \quad \ldots, \quad u_{q-1},$$
$$s_0, \quad s_1, \quad \ldots, \quad s_{q-1};$$

je dis que cela sera vrai pour u_q et s_q.

En effet, si cela est vrai pour

$$(15) \qquad u_\alpha, \quad s_\alpha \qquad (\alpha < q),$$

cela sera vrai également pour

$$(16) \qquad i u'_\alpha, \quad i s'_\alpha, \quad u''_\alpha, \quad s''_\alpha \qquad (\alpha < q),$$

et par conséquent pour les termes *connus* de (7 *bis*) qui sont tous le produit de deux expressions de la forme (15) ou (16) affectés d'un coefficient réel.

Donc, dans le développement de Φ_q suivant les puissances de ζ^2, tous les coefficients sont réels. Donc, dans les équations (13) et (14), les quantités a et a' sont réelles; or les coefficients de ces équations du premier degré (13) et (14) sont également réels; donc nous en déduirons pour ξ et η, c'est-à-dire pour les coefficients de u_q et s_q, des valeurs réelles. $\qquad$ C. Q. F. D.

Je dis maintenant que nous aurons seulement dans u_0 et s_0 des termes en ζ^0; dans u_1 et s_1 des termes en

$$\zeta^2, \quad \zeta^{-2};$$

dans u_2 et s_2 des termes en

$$\zeta^4, \quad \zeta^0, \quad \zeta^{-4};$$

dans u_3 et s_3 des termes en

$$\zeta^6, \quad \zeta^2, \quad \zeta^{-2}, \quad \zeta^{-6};$$

et ainsi de suite. En d'autres termes, je dis que $u\,\zeta^{-1}$ et $s\,\zeta$ sont développables suivant les puissances de $m^2\zeta^2$ et $m^2\zeta^{-2}$.

Je dis en effet que, si cela est vrai pour les premières approximations, cela sera vrai aussi pour l'approximation suivante. Je suppose donc que

$$u_\alpha, \quad s_\alpha \qquad (\alpha < q)$$

sont des polynomes homogènes de degré α en ζ^2 et ζ^{-2}, et je me propose de démontrer que u_q, s_q seront aussi des polynomes homogènes de degré q en ζ^2, ζ^{-2}. D'abord les dérivées u'_α, etc., seront comme u_α, etc., homogènes de degré α. Considérons maintenant les différents termes de Φ_q; nous avons d'abord :

1° Ceux des termes du premier membre de (7 *bis*) qu'on a fait passer dans le deuxième membre parce qu'ils ne contenaient pas de quantité inconnue. Ils sont égaux à un facteur numérique près à

$$u_\alpha\, s_\beta \qquad (\alpha < q,\ \beta < q,\ \alpha + \beta = q),$$

u_α ou s_β pouvant être remplacés par une de leurs dérivées ; ce sont donc des polynomes homogènes de degré q en ζ^2 et ζ^{-2} ;

2° Les termes provenant de $\dfrac{15\,m^2 u^2}{8}$; ils sont de la forme

$$\zeta^2 u_\alpha u_\beta \qquad (\alpha + \beta = q - 1),$$

et par conséquent homogènes de degré q en ζ^2, ζ^{-2} ;

3° Les termes provenant de $\dfrac{3\,m^2 s^2}{8}$; ils sont de la forme

$$\zeta^{-2} s_\alpha s_\beta \qquad (\alpha + \beta = q - 1);$$

ils sont donc aussi homogènes de degré q.

Donc Φ_q est un polynome homogène de degré q en ζ^2, ζ^{-2}. Mais u_q et s_q se déduisent de Φ_q par les équations (13); les termes de u_q et s_q correspondent à ceux de Φ_q et contiennent les mêmes puissances de ζ; donc u_q et s_q sont les polynomes homogènes de degré q en ζ^2, ζ^{-2}. C. Q. F. D.

Il résulte de là que, si l'on développe le coefficient de ζ^{2k} ou ζ^{-2k} suivant les puissances de m, le développement contiendra seulement des termes où l'exposant de m prendra les valeurs

$$2k, \quad 2k+4, \quad 2k+8, \quad \ldots$$

Ce développement procédera donc non pas suivant les puissances de m, mais suivant celles de m^4. *C'est ce qui explique la convergence extrêmement rapide du procédé de M. Hill*, chaque approximation donnant 4 ou 5 décimales exactes nouvelles.

329. Je dis maintenant que les coefficients ξ et η calculés d'après les procédés précédents sont des fonctions rationnelles de p. Supposons en effet que cela soit vrai aux approximations antérieures ; je dis que cela est encore vrai à l'approximation suivante. En effet, cela sera vrai des coefficients de Φ_q formés par multiplication en partant de ceux de u_α, s_α ($\alpha < q$); cela sera donc vrai des coefficients a et a' qui figurent dans les équations (13); les coefficients de ces équations (13) étant rationnels en p. il en sera de même des inconnues ξ et η, c'est-à-dire des coefficients de u_q et s_q. C. Q. F. D.

Quels seront les facteurs des dénominateurs de ces fonctions rationnelles? Il est aisé de les déterminer. En effet, la résolution des équations (13) introduit au dénominateur un facteur qui est le déterminant de ces équations, lequel est égal à

$$\frac{k^2}{2}(p^2 - 4p - 2 + 2k^2).$$

Les facteurs du dénominateur seront donc les polynomes

$$p^2 - 4p - 2 + 2k^2,$$

où l'on devra donner à k les valeurs paires successives

$$2, \quad 4, \quad 6, \quad \ldots,$$

ce qui donne les polynomes

$$(17) \qquad \begin{cases} p^2 - 4p + 6, \\ p^2 - 4p + 30, \\ p^2 - 4p + 70, \quad \ldots \end{cases}$$

Si donc on développe le coefficient de ζ^{2k+1} suivant les puissances de m, le coefficient de chaque puissance est une fonction rationnelle de p dont le dénominateur est un produit de facteurs de la forme (17), chacun de ces facteurs pouvant être élevé à une puissance supérieure à 1. Il ne faudrait pas en conclure pourtant que le coefficient de ζ^{2k+1}, considéré comme fonction de p et de m, est une fonction méromorphe de ces quantités, ou encore qu'il se réduit à une fonction méromorphe de m quand on fait $p = m$.

329 bis. Quoi qu'il en soit, l'approximation par ces méthodes est extrêmement rapide. M. Hill a calculé les coefficients ou plutôt leurs rapports avec 15 décimales; la première approximation lui donnait généralement 6 décimales exactes, la seconde 11 et la troisième 15. D'autre part, la décroissance des coefficients est aussi très rapide; dans le développement de u, par exemple, les coefficients de $\zeta, \zeta^3, \zeta^5, \ldots$ diminuent très vite, chacun d'eux étant environ la trois-centième partie du précédent. Le coefficient de ζ qui est naturellement le plus grand nous donne le terme principal de l'orbite non troublée; viennent ensuite ceux de ζ^3 et de ζ^{-1} qui correspondent à l'inégalité considérable connue depuis la fin du moyen âge sous le nom de *variation*.

Les valeurs numériques sont donc très exactement connues; mais nous ne possédons encore que les *rapports* de nos coefficients; les équations (7 *bis*) et (8 *bis*) contiennent en effet une indéterminée C, et nous avons profité de cette indétermination pour supposer que le coefficient de ζ dans u, de même que celui de ζ^{-1} dans s, est égal à 1. Cela revenait à satisfaire aux équations (14) en faisant

$$\xi = \tau_i = 0, \qquad a + C_q = 0.$$

C'est ainsi que nous avons opéré à la fin du n° 327. Nous avons ainsi trouvé une solution particulière des équations (7 *bis*) et (8 *bis*),

$$u = \psi(\zeta), \qquad s = \psi_1(\zeta),$$

caractérisée par ce fait que, ψ et ψ_1 étant imaginaires conjuguées, le coefficient de ζ dans $\psi(\zeta)$ est égal à 1. Alors nous aurons une autre solution en faisant

$$u = a_0\psi(\zeta), \qquad s = a_0\psi_1(\zeta),$$

à la condition de changer l'indéterminée C en a_0^2C. Il reste à déterminer a_0.

Pour cela, il faut (après avoir fait $p = m$) revenir aux équations primitives, qui peuvent s'écrire

$$u'' + 2\,m\,i\,u' - \frac{3}{2}\,m^2(u + s) + \frac{\varkappa u}{r^3} = 0,$$

et voir quelle valeur de a_0 correspond à la valeur donnée de $\varkappa$.

Pour cela soit

$$\psi(\zeta) = \sum a_k \zeta^{2k+1};$$

il viendra pour $\tau = 0$, $\zeta = 1$:

$$r = u = s = a_0 \sum a_k = a_0 \psi(1),$$

$$u' = i a_0 \sum (2k+1) a_k, \qquad u'' = -a_0 \sum (2k+1)^2 a_k.$$

Les coefficients a_k étant connus, on connaît donc facilement $\psi(1)$, $\psi'(1)$, $\psi''(1)$, et il vient

$$(18) \qquad a_0^3 \psi^2(1)[\psi''(1) + 2\,m\,i\,\psi'(1) - 3\,m^2\,\psi(1)] = \varkappa,$$

d'où l'on tirera sans peine a_0.

330. On voit facilement que la résolution de l'équation (18) entraîne l'extraction d'une racine cubique. Nous devons donc nous attendre à trouver que, dans le voisinage de certaines valeurs singulières m_0, l'expression de a_0 et par conséquent celle des autres coefficients de u qui sont $a_0 a_1$, $a_0 a_2$, ..., contiennent en facteur $(m - m_0)^{-\frac{1}{3}}$ ou $(m - m_0)^{\frac{2}{3}}$, par exemple.

C'est en effet ce qui arrive pour $m_0 = 1$.

Supposons donc qu'on veuille développer a_0 suivant les puissances de m; alors la convergence sera comparable à celle d'une progression géométrique de raison

$$\frac{m}{m_0},$$

m_0 étant le point singulier le plus rapproché; si ce point est 1, puisque $m = \frac{1}{12}$, cette raison sera

$$\frac{m}{m_0} = \frac{1}{12}.$$

Si l'on avait développé suivant les puissances de

$$m' = \frac{n_2}{n_1} = \frac{m}{1 + m},$$

comme l'a fait Delaunay, la raison aurait été

$$\frac{m'}{m_0'} = \frac{2}{13},$$

donc notablement plus grande.

On arrive au même résultat en ce qui concerne le développement de a_1; le point singulier le plus rapproché provient avant tout de la présence du facteur $p^2 - 4p + 6$ dans nos dénominateurs (*cf.* n° **328** *in fine*); dans ce facteur on fait $p = m$, de sorte que l'on a à peu près

$$m_0^2 - 4m_0 + 6 = 0,$$

d'où

$$| m_0 | = \sqrt{6}$$

et, pour la raison de la progression,

$$\left| \frac{m}{m_0} \right| = \frac{1}{12\sqrt{6}};$$

avec m', on aurait eu

$$| m_0' | = \frac{| m_0 |}{| 1 + m_0 |} = \sqrt{\frac{6}{1 + 4 + 6}} = \sqrt{\frac{6}{11}}$$

et, pour la raison,

$$\left| \frac{m'}{m_0'} \right| = \frac{\sqrt{11}}{12\sqrt{6}}.$$

On voit combien il est plus avantageux de choisir m comme paramètre au lieu de m'. Naturellement la même différence se retrouve dans le calcul des termes suivants, puisque les nouveaux développements que l'on obtient pour ces termes se déduisent de ceux que nous venons d'obtenir pour les termes d'ordre zéro.

330 *bis*. Une solution particulière remarquable s'obtient en faisant $x = 0$; on trouve alors

$$u = \alpha \zeta^k + \beta \zeta^{-k}, \qquad s = \beta \zeta^k + \alpha \zeta^{-k},$$

α, β et k étant liés par les relations

$$\alpha \left(-k^2 - 2pk - \frac{3}{2}p^2 \right) - \frac{3}{2}\beta m^2 = 0,$$

$$\beta \left(-k^2 + 2pk - \frac{3}{2}p^2 \right) - \frac{3}{2}\alpha m^2 = 0,$$

d'où

$$\left(k^2 + \frac{3}{2}p^2 \right)^2 - 4p^2 k^2 - \frac{9}{4}m^4 = 0,$$

ou, en faisant $p = m$,

$$k^4 - m^2 k^2 = 0.$$

Pour que cette solution nous convienne, il faut que k soit entier impair, et par conséquent que l'on ait

$$m = 1, \qquad m = 3, \qquad m = 5, \qquad \dots$$

La courbe décrite par le point x, y se réduit alors à une ellipse.

Mais cela correspond à $\varkappa = 0$, c'est-à-dire, en se reportant à l'équation (18), à

$$\psi^2(1)\left[\psi''(1) + 2\,mi\,\psi'(1) - 3\,m^2\,\psi(1)\right] = 0.$$

Si alors on donne à $\varkappa$ une valeur donnée finie, il faut faire $a_0 = \infty$.

Donc, quand m se rapproche de la valeur 1, la trajectoire T du point x, y tend à être de plus en plus semblable à une ellipse, mais les dimensions absolues augmentent au delà de toute limite ; c'est de cette façon que s'introduisent dans a_0 des facteurs tels que

$$(m-1)^{-\frac{1}{3}},$$

ainsi que nous l'avons expliqué plus haut.

L'ellipse à laquelle on parvient en faisant $m = 3$, $m = 5$, etc., ne fait pas partie de la série de solutions que nous envisageons ici, puisque la période n'est plus 2π, mais $\dfrac{2\pi}{3}$, $\dfrac{2\pi}{5}$, ...

CHAPITRE XXVI.

MOUVEMENT DU NOEUD.

---

331. Nous allons maintenant déterminer les termes du premier degré par rapport à l'inclinaison E_2; nous négligerons donc comme dans le Chapitre précédent la parallaxe et l'excentricité solaire E_3; seulement nous ne supposerons plus $z = 0$.

Dans ces conditions, nous avons encore

$$\frac{U_3}{m'_1} = -\frac{m_4}{a'^3} P_2 AC^2,$$

$$P_2 = \frac{3\cos^2\gamma - 1}{2}, \qquad AC.\cos\gamma = x;$$

mais on a

$$AC^2 = r^2 = x^2 + y^2 + z^2,$$

d'où

$$\frac{U_3}{m'_1} = -n_2^2 \frac{2x^2 - y^2 - z^2}{2}.$$

D'ailleurs

$$\frac{U_1}{m'_1} = -\frac{m_1 + m_7}{r},$$

d'où

$$F' = n_2 \wp' + \frac{X^2 + Y^2 + Z^2}{2} - \frac{m_1 + m_7}{r}$$

$$+ n_2(Xy - Yx) - n_2^2 \frac{2x^2 - y^2 - z^2}{2}.$$

Cela posé, nous retrouvons les équations (1) du Chapitre précédent, avec cette différence que $AC = r$ ne représente plus $\sqrt{x^2 + y^2}$, mais $\sqrt{x^2 + y^2 + z^2}$.

Nous trouvons ensuite

$$\frac{dz}{dt} = \frac{dF'}{dZ} = Z,$$

$$\frac{d^2z}{dt^2} = \frac{dZ}{dt} = -\frac{dF'}{dz} = -n_2^2 z - \frac{m_1 + m_7}{r^3} z.$$

Si nous posons, comme au Chapitre précédent,

$$\tau = (n_1 - n_2)t, \qquad m = \frac{n_2}{n_1 - n_2}, \qquad \varkappa = \frac{m_1 + m_7}{(n_1 - n_2)^2},$$

$$z'' = \frac{d^2 z}{d\tau^2},$$

l'équation précédente devient

(1) $$z'' + \Theta z = 0,$$

avec

$$\Theta = m^2 + \frac{\varkappa}{r^3}.$$

Si nous cherchons les termes de l'ordre de l'inclinaison, nous négligeons le carré de l'inclinaison et par conséquent z^2; nous pouvons alors prendre

$$r = \sqrt{x^2 + y^2},$$

de sorte que nous retombons sur les équations (1) du Chapitre précédent, sans changement. Et comme nous devons faire $E_1 = 0$, puisque les termes que nous voulons calculer sont indépendants de l'excentricité lunaire E_1, nous devons prendre pour x et y la solution particulière étudiée dans le Chapitre précédent. Donc x et y sont des fonctions *connues* du temps, développables suivant les puissances impaires positives et négatives de $\zeta = e^{i\tau}$.

$\frac{\varkappa}{r}$ nous est ensuite donné par l'intégrale de Jacobi

$$\frac{\varkappa}{r} = \frac{x'^2 + y'^2}{2} - \frac{3\,m^2 x^2}{2} - C,$$

d'où l'on déduit aisément $\frac{\varkappa}{r^3}$ et Θ.

Donc Θ est une fonction connue du temps développable suivant les puissances *paires*, positives et négatives de ζ.

Nous avons vu que, quand on introduisait les deux paramètres p et m qui figurent aux équations (3 *bis*), (7 *bis*) et (8 *bis*) du Chapitre précédent,

$$u\zeta^{-1} = \zeta^{-1}(x + iy),$$

$$s\zeta = \zeta\,(x - iy)$$

sont développables suivant les puissances de p, $m^2\zeta^2$, $m^2\zeta^{-2}$; il en est donc de même de Θ, de sorte qu'après qu'on aura fait $p = m$, Θ sera développable suivant les puissances de

$$m, \quad m^2 \zeta^2, \quad m^2 \zeta^{-2}.$$

De plus, quand on change τ en $-\tau$, ou ζ en ζ^{-1}, u se change en s, de sorte que r et Θ ne changent pas.

Si donc nous posons

$$\Theta = \sum \Theta_k \zeta^{2k},$$

on aura

$$\Theta_k = \Theta_{-k},$$

et l'on pourra écrire

$$\Theta = \Theta_0 + 2\Theta_1 \cos 2\tau + 2\Theta_2 \cos 4\tau + \ldots$$

Θ étant développable suivant les puissances de m, $m^2 \zeta^2$, $m^2 \zeta^{-2}$, le coefficient Θ_k contient en facteur m^{2k}, de sorte que les coefficients Θ décroissent très rapidement.

332. Il s'agit donc d'intégrer l'équation (1).

Cette équation est de même forme que celle que nous avons examinée au Chapitre XVII des *Méthodes nouvelles de la Mécanique céleste*. Nous savons donc :

1° Que cette équation admet deux solutions particulières de la forme

$$(2) \qquad z = e^{i8\tau} \psi(\tau), \qquad z = e^{-i8\tau} \psi(-\tau),$$

$\psi(\tau)$ étant une fonction périodique de la forme

$$\psi(\tau) = \sum b_k \zeta^{2k},$$

où k prend toutes les valeurs entières positives et négatives.

Nous devons remarquer en effet que l'équation (1) ne change pas quand on change τ en $-\tau$; l'existence de la première des solutions (2) entraîne donc celle de la seconde.

2° Nous aurons ensuite les deux solutions

$$z = F(\tau) = \quad e^{i8\tau} \psi(\tau) + e^{-i8\tau} \psi(-\tau),$$
$$z = f(\tau) = \lambda \left[e^{i8\tau} \psi(\tau) - e^{-i8\tau} \psi(-\tau) \right],$$

dont la première est une fonction paire et la deuxième une fonction impaire de τ.

Nous pouvons achever de déterminer $\psi(\tau)$ (qui n'est encore déterminé qu'à un facteur constant près) et la constante λ, de telle sorte que

$$F(o) = 1, \qquad F'(o) = o,$$
$$f(o) = o, \qquad f'(o) = 1,$$

c'est-à-dire

$$\psi(o) = \frac{1}{2}.$$

3° En vertu d'un théorème démontré dans mon Mémoire *Sur les groupes des équations linéaires* (*Acta mathematica*, t. IV, p. 212) et rappelé dans *Les méthodes nouvelles de la Mécanique céleste* (t. II, Chap. XVII, p. 230), la fonction $F(\tau)$ considérée comme fonction des Θ_k est une fonction entière.

Nous trouverons alors

$$F(\tau) = \sum b_k \cos(g + 2k)\tau,$$

k variant de $-\infty$ à $+\infty$.

La fonction $\psi(\tau)$ est périodique de période π, de sorte que l'on a

$$(3) \qquad \psi(\pi) = \psi(o) = \frac{1}{2}, \qquad F(\pi) = \cos g\pi.$$

333. L'équation $F(\pi) = \cos g\pi$ a une grande importance ; c'est elle en effet qui va nous permettre de déterminer g, c'est-à-dire le mouvement du nœud.

En effet, la solution générale de l'équation (1) peut s'écrire

$$z = E_2 F(\tau + \varpi_4),$$

E_2 et ϖ_4 étant deux constantes d'intégration, la première représentant la constante d'inclinaison, et la deuxième la constante ϖ_4 qui figure dans la formule du Chapitre XXIV,

$$w_4 = w_2' = n_4 t + \varpi_4.$$

Si nous faisons en effet $g = \dfrac{n_4}{n_1 - n_2}$, on voit que la formule précédente peut s'écrire

$$z = \sum E_2 b_k \cos(w_4 + w_1 + 2kw_1 - 2kw_2),$$

où nous reconnaissons la forme des formules du Chapitre XXIV. (Il suffirait de changer la constante arbitraire ϖ_4 en $\varpi_4 + \dfrac{\pi}{2}$, pour avoir un sinus au lieu d'un cosinus.)

Cela posé, les passages au nœud s'obtiendront en faisant $z = 0$; le terme principal du développement étant

$$E_2 b_0 \cos w_4,$$

les passages au nœud ascendant auront lieu sensiblement pour

$$w_1 + w_4 = g\tau + \varpi_4 = \frac{\pi}{2}.$$

Dans l'intervalle de deux passages au nœud consécutifs, la différence des longitudes moyennes de la Lune et du Soleil aura augmenté sensiblement de $\dfrac{2\pi}{g}$; si l'on considère $n+1$ passages consécutifs au nœud ascendant, cette différence aura augmenté sensiblement de $\dfrac{2\pi n}{g}$, et cela d'autant plus exactement que n sera plus grand. Donc g mesure le *moyen* mouvement du nœud.

334. Pour calculer $F(\tau)$, voici comment nous allons procéder. Posons

$$\Theta_0 = q^2,$$

et écrivons l'équation (1) sous la forme

$$(4) \qquad\qquad z'' + q^2 z = (\Theta_0 - \Theta)z,$$

puis cherchons à développer $F(\tau)$ suivant les puissances de Θ_1, Θ_2, etc.; le développement sera très convergent, puisque nous avons vu que ces coefficients sont très petits, et d'autre part que $F(\tau)$ est une fonction entière de ces coefficients.

Représentons alors par $z_0, z_1, \ldots, z_k$ les termes de $F(\tau)$ qui sont de degré 0, 1, $\ldots$, k par rapport aux coefficients Θ_1, Θ_2, $\ldots$: nous aurons, pour déterminer successivement

$$z_0, \quad z_1, \quad \ldots, \quad z_k, \quad \ldots,$$

le système d'équations

$$(5) \quad \begin{cases} z_0'' + q^2 z_0 = 0, \\ z_1'' + q^2 z_1 = (\Theta_v - \Theta) z_0, \\ \dots\dots\dots\dots\dots\dots\dots, \\ z_k'' + q^2 z_k = (\Theta_0 - \Theta) z_{k-1}. \end{cases}$$

Ce sont des équations linéaires à coefficients constants et à second membre, immédiatement intégrables; il faut, pour achever de définir $z_0, z_1, \dots, z_k$, se donner les conditions initiales qui seront

$$z_0 = 1, \qquad z_0' = 0, \qquad z_1 = z_1' = 0, \qquad \dots, \qquad z_k = z_k' = 0.$$

Nous trouvons d'abord

$$z_0 = \cos q\tau,$$

et pour z_k une expression où figurent des termes en

$$(6) \qquad \cos(2j + q)\tau, \quad \tau^{2\mu+1}\sin(2j + q)\tau, \quad \tau^{2\mu}\cos(2j + q)\tau,$$

j et μ étant entiers et $2\mu + 1$ étant au plus égal à k.

En effet, il est aisé de vérifier que, si cela est vrai pour z_{k-1}, cela sera vrai également pour z_k.

Ainsi le terme général du développement de $F(\tau)$ sera de la forme (6); il est aisé d'en apercevoir la raison : nous avons trouvé

$$F(\tau) = \sum b_j \cos(g + 2j)\tau.$$

D'autre part, g est développable suivant les puissances de Θ_1, $\Theta_2, \dots$ et se réduit à q pour $\Theta_1 = \Theta_2 = \dots = 0$.

Je puis donc écrire

$$F(\tau) = \sum b_j \cos[(q + 2j)\tau + (g - q)\tau]$$

et développer suivant les puissances de $g - q$; soit alors

$$\cos\tau = \sum \alpha_\mu \tau^{2\mu}, \qquad \sin\tau = \sum \beta_\mu \tau^{2\mu+1},$$

les coefficients α_μ et β_μ ayant les valeurs numériques bien connues;

il viendra

$$(7) \quad \left\{ \begin{array}{l} \mathrm{F}(\tau) = \quad \sum b_j \alpha_\mu (g-q)^{2\mu} \tau^{2\mu} \cos(q+2j)\tau \\[2ex] \qquad\quad - \sum b_j \beta_\mu (g-q)^{2\mu+1} \tau^{2\mu+1} \sin(q+2j)\tau. \end{array} \right.$$

On peut ensuite développer les b_j et les puissances de $g-q$ suivant les puissances de Θ_1, Θ_2 ..., et l'on devra retrouver le même développement que par le moyen des équations (5). On voit que le terme général est bien de la forme (6).

335. Voyons comment on peut se servir de ces développements pour déterminer g et les coefficients b_j.

Supposons que l'on ait déterminé

$$z_0, \quad z_1, \quad \ldots, \quad z_k;$$

on a donc, à des quantités près de l'ordre de m^{2k+2},

$$\mathrm{F}(\tau) = z_0 + z_1 + \ldots + z_k,$$

et $\mathrm{F}(\tau)$ se présente sous la forme d'un développement (7) dont tous les termes sont de la forme (6).

Dans ce développement, conservons seulement les termes périodiques purs en $\cos(q+2j)\tau$, ceux où τ ne sort pas des termes trigonométriques; les coefficients de ces termes seront précisément les coefficients b_j cherchés, au même degré d'approximation, c'est-à-dire à des quantités près de l'ordre de m^{2k+2}; et en effet α_0 est égal à 1.

Pour déterminer g nous calculerons $\mathrm{F}(\pi)$ en faisant $\tau = \pi$ dans le développement (7) et nous aurons ensuite g par l'équation

$$\mathrm{F}(\pi) = \cos g\pi.$$

En faisant cette substitution on trouve

$$\mathrm{F}(\pi) = \mathrm{H}\cos q\pi + \mathrm{H}'\sin q\pi,$$

H et H′ étant des fonctions entières de Θ_1, Θ_2, ...

D'autre part, les coefficients de ces fonctions entières seront des fonctions rationnelles de q; car, si les coefficients de z_{k-1} dépendent rationnellement de q, il en sera de même, en vertu des équations (5), des coefficients de z_k.

Les premiers termes sont

$$\cos g\pi = \cos q\pi \left[1 - \frac{\pi^2 \Theta_1^4}{2^5 q^2 (1-q^2)^2} \right]$$
$$+ \sin q\pi \left[\frac{-\pi\Theta_1^2}{4q(1-q^2)} + \frac{(15q^4 - 35q^2 + 8)\pi\Theta_1^4}{64q^3(1-q^2)^3(4-q^2)} \right].$$

Quand on change τ en $\tau + \dfrac{\pi}{2}$, Θ_1, Θ_3, Θ_5, ... changent de signe ; la valeur de $\cos g\pi$ ne doit pas changer. Donc, dans le développement de $F(\pi)$, Θ_1, Θ_3, Θ_5, ... entreront avec un exposant pair. Supposons un instant

$$0 = \Theta_1 = \Theta_3 = \Theta_5 = \ldots;$$

alors Θ admettra la période $\dfrac{\pi}{2}$; alors, quand on changera τ en $\tau + \dfrac{\pi}{2}$,

$$\Theta_2, \quad \Theta_6, \quad \Theta_{10}, \quad \ldots$$

changeront de signe ; donc Θ_2, Θ_6, Θ_{10}, ... ne pourront figurer qu'à un degré pair, à moins d'être multipliés par

$$\Theta_1^2, \quad \Theta_3^2, \quad \ldots, \quad \Theta_1\Theta_3, \quad \Theta_1\Theta_5, \quad \ldots.$$

De même
$$\Theta_4, \quad \Theta_{12}, \quad \Theta_{20}, \quad \ldots$$

ne pourront figurer qu'à un degré pair, à moins d'être multipliés par

$$\Theta_1^2, \quad \Theta_3^2, \quad \ldots, \quad \Theta_1\Theta_3, \quad \ldots, \quad \Theta_2^2, \quad \Theta_6^2, \quad \ldots, \quad \Theta_2\Theta_6, \quad \ldots.$$

336. Méthode de Hill. — Hill ramène le problème à la résolution d'une infinité d'équations du premier degré à une infinité d'inconnues. On pourrait se demander si cette méthode est suffisamment rigoureuse ; elle peut être complètement justifiée, mais je renverrai pour cette justification aux *Méthodes nouvelles de la Mécanique céleste* (t. II, Chap. XVII, p. 260 et suiv.).

Faisons dans l'équation (1)

$$z = e^{ig\tau}\psi(\tau) = \sum b_k \zeta^{2k+g};$$

il viendra

$$-\sum b_k(2k+g)^2 \zeta^{2k+g} + \sum \Theta_j b_k \zeta^{2k+2j+g} = 0$$

ou, en égalant les coefficients de ζ^{2j+g},

$$(8) \qquad [\Theta_0 - (2j + g)^2] b_j + \sum \Theta_{j-k} b_k = 0.$$

On obtient ainsi une infinité d'équations linéaires entre les inconnues b_j; pour les déterminer, considérons les expressions linéaires

$$b_j + \sum_k \frac{\Theta_{j-k}}{\Theta_0 - (2j + \xi)^2} b_k.$$

Ces expressions doivent s'annuler pour $\xi = g$. Formons leur déterminant et appelons-le $\square(\xi)$.

Je suppose pour cela que l'on donne à j et à k toutes les valeurs entières positives et négatives depuis $-\mu$ jusqu'à $+\mu$ inclusivement. Nous aurons alors un déterminant fini de $2\mu + 1$ lignes et de $2\mu + 1$ colonnes. Alors $\square(\xi)$ sera par définition la limite de ce déterminant quand μ croît indéfiniment.

Ce déterminant converge; nous pouvons remarquer en effet que les éléments de la diagonale principale sont égaux à 1.

Dans ces conditions, on a

$$|\Delta| < e^{\sum |a|},$$

en désignant par a les divers éléments du déterminant autres que ceux de la diagonale principale. Le déterminant convergera donc avec $\sum |a|$; c'est ce que démontreraient les considérations exposées au Tome II des *Méthodes nouvelles* (*loc. cit.*). Or ici

$$\sum |a| = 2 \sum |\Theta_j| \sum \frac{1}{|\Theta_0 - (2j + \xi)^2|}.$$

Or cette série converge absolument et uniformément, sauf si

$$\Theta_0 = (2j + \xi)^2$$

ou, puisque $\Theta_0 = q^2$, si

$$\xi = -2j \pm q.$$

Donc $\square(\xi) = \lim \Delta$ existe; c'est une fonction de ξ qui ne change pas quand on change ξ en $\xi + 2$ ou en $-\xi$; cela revient en effet à changer l'ordre des lignes et des colonnes de notre déterminant d'ordre infini, soit en faisant avancer toutes les lignes et toutes les colonnes d'un rang (si l'on change ξ en $\xi + 2$), soit en retournant le déterminant (si l'on change ξ en $-\xi$); on aura donc

$$\square(\xi + 2) = \square(\xi) = \square(-\xi);$$

$\square(\xi)$ est donc une fonction méromorphe de ξ, qui a pour pôles simples

$$\xi = -2j \pm q.$$

Je dis *pour pôles simples*; en effet, les éléments de la $j^{\text{ième}}$ ligne seuls deviennent infinis pour $\xi = -2j \pm q$ et infinis du premier ordre.

Or un terme quelconque de notre déterminant ne peut contenir en facteur qu'un seul élément de la $j^{\text{ième}}$ ligne.

Quand la partie imaginaire de ξ tend vers l'infini, tous les éléments en dehors de la diagonale principale tendent vers 0; donc

$$\lim \square(\xi) = 1.$$

Soit

$$F(\xi) = \square(\xi) \frac{\cos \pi \xi - \cos \pi q}{\cos \pi \xi - \cos \pi g}.$$

Cette fonction est méromorphe; elle ne pourrait devenir infinie que pour

$$\xi = -2j \pm q,$$

qui rend $\square(\xi)$ infini, mais qui annule également $\cos \pi \xi - \cos \pi q$, ou pour

$$\xi = -2j \pm g,$$

qui annule le dénominateur $\cos \pi \xi - \cos \pi g$, mais qui annule également $\square(\xi)$ puisque nous avons vu que

$$\square(g) = 0$$

et par conséquent

$$\square(\pm g) = \square(-2j \pm g) = 0.$$

La fonction $F(\xi)$ est donc entière, mais elle tend vers 1 quand la partie imaginaire de ξ tend vers l'infini; elle se réduit donc à l'unité, de sorte qu'on a

$$\square(\xi) = \frac{\cos \pi \xi - \cos \pi g}{\cos \pi \xi - \cos \pi q}.$$

On peut en déduire plusieurs manières de calculer g; par exemple, à l'aide de l'équation

$$(9) \qquad \cos \pi g = 1 - 2 \sin^2 \frac{\pi q}{2} \, \Box(0).$$

337. Il est aisé de voir quelle est la forme de notre déterminant. Supposons qu'un terme du développement contienne comme facteur l'élément de la $a^{\text{ième}}$ ligne et de la $b^{\text{ième}}$ colonne et, par conséquent, Θ_{a-b}; il devra contenir un élément de la $b^{\text{ième}}$ ligne, soit celui de la $c^{\text{ième}}$ colonne et, par conséquent, Θ_{b-c}; il devra contenir ensuite l'élément de la $c^{\text{ième}}$ ligne et de la $d^{\text{ième}}$ colonne, c'est-à-dire Θ_{c-d}, et ainsi de suite jusqu'à ce qu'on retombe sur la $a^{\text{ième}}$ colonne, ce qui arrivera, par exemple, si l'on trouve un élément de la $d^{\text{ième}}$ ligne et de la $a^{\text{ième}}$ colonne dépendant de Θ_{d-a}.

Donc le terme envisagé contiendra en facteur le produit

$$\Theta_{a-b}\Theta_{b-c}\Theta_{c-d}\Theta_{d-a},$$

ou un produit analogue, ou plusieurs produits analogues.

Dans tous les cas *la somme algébrique des indices doit être nulle*.

Si l'on observe que

$$\Theta_j = \Theta_{-j},$$

et que par suite on ne fasse pas attention au signe des indices, nous dirons que les indices, tous regardés comme positifs, doivent pouvoir se diviser en deux classes de telle façon que la somme des indices de la première classe soit égale à la somme des indices de la deuxième classe. On pourra avoir par exemple des termes en

$$\Theta_1^2, \quad \Theta_1^4, \quad \Theta_1^2\Theta_2, \quad \Theta_1^3\Theta_3, \quad \Theta_1\Theta_2\Theta_3, \quad \Theta_1\Theta_2\Theta_3\Theta_4, \quad \dots$$

Le coefficient de chaque terme se présente sous la forme d'une série infinie, mais toutes ces séries peuvent être sommées à l'aide de la formule

$$(10) \qquad \sum \frac{1}{x+n} = \pi \cot x\pi.$$

Considérons, en effet, un terme du développement; ce sera le produit de certains éléments du déterminant; parmi ces éléments, les uns appartiendront à la diagonale principale et nous n'avons pas à nous en occuper, puisqu'ils sont égaux à 1; les autres n'appartiendront pas à cette diagonale, et ils seront en nombre fini (sans quoi notre terme contenant en facteur m à une puissance infinie serait infiniment petit).

Appelons $[i, k]$ l'élément de la $i^{\text{ième}}$ ligne et de la $k^{\text{ième}}$ colonne, et supposons par exemple que le terme envisagé soit le produit des éléments

$$[a, b][b, c][c, d][d, a][a', b'][b', c'][c', a'].$$

Il contiendra alors en facteur, comme nous venons de le voir, le produit

$$(11) \qquad \Theta_{a-b}\Theta_{b-c}\Theta_{c-d}\Theta_{d-a}\Theta_{a'-b'}\Theta_{b'-c'}\Theta_{c'-a'},$$

et le coefficient de ce produit (11) sera une fonction rationnelle de ξ que j'appelle $R(\xi)$.

Considérons maintenant le terme

$$[a+n, b+n]\ldots[d+n, a+n][a'+n, b'+n]\ldots[d'+n, a'+n];$$

il contiendra également en facteur le produit (11), mais avec le coefficient $R(\xi+2n)$.

Le coefficient définitif sera donc

$$\sum R(\xi+2n).$$

Pour évaluer cette somme, décomposons la fonction rationnelle $R(\xi)$ en éléments simples :

$$R(\xi) = \sum \frac{A}{\xi - \alpha},$$

d'où

$$\sum R(\xi+2n) = \sum\sum \frac{A}{\xi + 2n - \alpha}.$$

La sommation par rapport à n peut se faire par le moyen de l'équation (10). Si dans la décomposition de $R(\xi)$ figurait un terme

$$\frac{A}{(\xi - \alpha)^p},$$

on obtiendrait la sommation par rapport à n de

$$\sum \frac{A}{(\xi + 2n - \alpha)^{\mu}},$$

en différentiant l'équation (10).

En fait notre fonction $R(\xi)$ n'admettra pour pôles, comme nous l'avons vu plus haut, que $\xi = -2j \pm q$ et ces pôles seront simples; l'application de la formule (10) introduira donc seulement

$$\cot\left(\frac{\xi + 2j \pm q}{2}\right)\pi = \pm \cot\frac{\pi}{2}(\xi \pm q),$$

Cela s'applique au cas où nous n'aurions en facteurs qu'un seul produit de la forme

$$\Theta_{a-b}\Theta_{b-c}\Theta_{c-d}\Theta_{d-a}.$$

Dans le cas où l'on aurait en facteur deux (ou plusieurs) produits de cette forme, comme il arrive, par exemple, dans le cas du produit (11), les choses seraient un peu plus compliquées.

Supposons que nous ayons à envisager le produit des éléments

$$[n, n+a][n+a, n+b][n+b, n][n', n'+a'][n'+a', n'],$$

et que nous fassions varier n et n', en supposant que a, b, a' ne varient pas.

Nous aurons alors partout en facteur le produit

$$\Theta_a\Theta_{b-a}\Theta_{-b}\Theta_{a'}\Theta_{-a'},$$

qui ne dépendra ni de n, ni de n'; ce produit sera multiplié par un coefficient qui dépendra de ξ, de n et de n' et qui sera de la forme

$$R(\xi + n)R'(\xi + n'),$$

R et R' étant rationnels. Nous aurons donc à calculer

$$\sum R(\xi + n)R'(\xi + n'),$$

en donnant à n et à n' toutes les combinaisons de valeurs possibles, en excluant seulement celles pour lesquelles la différence $n - n'$ prend certaines valeurs particulières; car une des quantités n. $n+a$, $n+b$, ne doit pas être égale à une des quantités n', $n'+a'$.

Supposons que α_1, α_2, ..., α_p soient les différentes valeurs que ne doit pas prendre $n'-n$; l'expression à évaluer,

$$\sum R(\xi + n) R'(\xi + n'),$$

pourra s'écrire

$$\sum R(\xi + n) \sum R'(\xi + n) - \sum P(\xi + n, \alpha_1) - \ldots - \sum P(\xi + n, \alpha_p),$$

où

$$P(\xi, \alpha_i) = R(\xi) R'(\xi + \alpha_i).$$

Chacune des sommes qui figurent dans cette expression est de la forme $\sum R(\xi + n)$ et peut s'évaluer comme nous venons de l'expliquer.

On peut voir que $\square(\xi)$ est de la forme

$$(12) \qquad \left\{ \begin{array}{l} \square(\xi) = A + B \cot \dfrac{\pi}{2}(\xi + q) + C \cot \dfrac{\pi}{2}(\xi - q) \\[2mm] \qquad + D \cot \dfrac{\pi}{2}(\xi + q) \cot \dfrac{\pi}{2}(\xi - q), \end{array} \right.$$

A, B, C, D étant développables suivant les puissances de Θ_1, Θ_2, ..., et les coefficients de ce développement étant des fonctions rationnelles de q.

Nous avons trouvé, d'autre part,

$$\square(\xi) = \frac{\cos \pi \xi - \cos \pi g}{\cos \pi \xi - \cos \pi q}$$

et

$$F(\pi) = \cos \pi g = H \cos q \pi + H' \sin q \pi,$$

H et H' étant comme A, B, C, D des séries procédant suivant les puissances de Θ_1, Θ_2, ..., et avec des coefficients rationnels en q. On a donc

$$\square(\xi) = 1 + \frac{(1 - H) \cos q \pi - H' \sin q \pi}{\cos \pi \xi - \cos \pi q}.$$

Il suffit pour retomber sur le développement (12) de remplacer

$$(\cos \pi \xi - \cos \pi q), \qquad \begin{array}{c} \cos \\ \sin \end{array} q \pi$$

par

$$2 \sin \frac{\pi}{2}(\xi + q) \sin \frac{\pi}{2}(\xi - q), \qquad \begin{array}{c} \cos \\ \sin \end{array} \left[\frac{\pi}{2}(\xi + q) - \frac{\pi}{2}(\xi - q) \right],$$

de façon à tout exprimer en fonction des lignes trigonométriques des deux angles $\frac{\pi}{2}(\xi \pm q)$.

338. Il reste à déterminer les coefficients b_k. Pour cela reprenons le déterminant $\square(\xi)$ et remplaçons-y dans la ligne de rang zéro

$$\ldots, \quad \frac{\Theta_{-2}}{q^2-\xi^2}, \quad \frac{\Theta_{-1}}{q^2-\xi^2}, \quad 1, \quad \frac{\Theta_1}{q^2-\xi^2}, \quad \ldots$$

par des indéterminées

$$\ldots, \quad x_{-2}, \quad x_{-1}, \quad x_0, \quad x_1, \quad \ldots;$$

le déterminant continuera à converger pourvu que les indéterminées soient limitées (cf. *Méthodes nouvelles*, t. II, Chap. XVII, p. 265). Il sera de la forme

$$\Delta = \ldots + B_{-1}x_{-1} + B_0 x_0 + B_1 x_1 + B_2 x_2 + \ldots,$$

les B étant des fonctions de ξ, qui admettent les mêmes pôles simples que $\square(\xi)$ sauf $\xi = \pm q$; de telle sorte que

$$B_j(\cos\pi\xi - \cos\pi q)$$

est une fonction entière.

Je dis que, pour $\xi = g$, on a $B_k = b_k$; il suffit pour cela de démontrer que les B_k satisfont aux équations (8), c'est-à-dire que Δ s'annule quand on y remplace x_j par 1 et $x_k(j \gtrless k)$ par

$$\frac{\Theta_{j-k}}{\Theta_0 - (2j+g)^2}.$$

C'est ce qui arrive car, pour $j \gtrless 0$, on obtient ainsi un déterminant ayant deux lignes identiques; et, pour $j = 0$, on obtient le déterminant $\square(g)$ qui est nul. C. Q. F. D.

339. Nous pouvons nous rendre compte de l'ordre de grandeur des coefficients b_k. Pour cela reprenons les équations (5) et cherchons à former à l'aide de ces équations non plus la solution $F(\tau)$, mais la solution

$$z = e^{ig\tau}\psi(\tau) = \sum b_k \zeta^{g+2k}.$$

Nous observerons alors que $\Theta_0 - \Theta$ est développable suivant les puissances de m, $m^2\zeta^2$, $m^2\zeta^{-2}$; et je dis qu'il en sera de même de $z\zeta^{-8}$.

Si l'on intégrait les équations (5) par approximations successives, on verrait, par une analyse toute pareille à celle du n° 334, que z se présente sous la forme suivante,

$$\sum \beta_{k.\mu.}\tau^\mu\zeta^{q+2k},$$

de sorte que $z\zeta^{-q}$ est développable suivant les puissances de m, de τ, de ζ^2 et de ζ^{-2}; je me propose d'établir que $z\zeta^{-q}$ est développable suivant les puissances de m, τ, $m^2\zeta^2$, $m^2\zeta^{-2}$; cela peut se démontrer par récurrence, car les équations (5) montrent que, si cela est vrai pour z_{k-1}, cela le sera également pour z_k.

De cela il résulte que b_k contient en facteur m^{2k}, ce qui montre que les coefficients b_k doivent décroître rapidement.

340. Nous avons vu que g définit le mouvement moyen du nœud, mais nous n'avons qu'une première approximation.

En effet nous avons négligé E_1, E_3, α et le carré de E_2.

Le véritable mouvement du nœud peut, d'après le Chapitre XXIV, se développer suivant les puissances de

$$E_1^2, \quad E_2^2, \quad E_3^2, \quad \alpha^2,$$

et $g(n_1 - n_2)$ ne nous donne que les termes de degré zéro de ce développement.

CHAPITRE XXVII.

---

341. Je suppose qu'on ait un système quelconque d'équations différentielles; pour simplifier, je supposerai deux équations seulement et deux inconnues x et y, et j'écrirai ces deux équations sous la forme

$$(1) \qquad \begin{cases} \mathrm{F}\,(x, y, x', y', x'', y'', \alpha_1, \alpha_2) = 0, \\ \mathrm{F}_1(x, y, x', y', x'', y'', \alpha_1, \alpha_2) = 0, \end{cases}$$

où α_1 et α_2 représentent deux paramètres très petits.

Je suppose qu'on sache trouver une solution particulière S des équations (1) en supposant $\alpha_1 = \alpha_2 = 0$; je me propose d'en déduire, pour les petites valeurs de α_1 et de α_2, *toutes* les solutions peu différentes de la solution S (il y en aura évidemment si α_1 et α_2 sont très petits).

Je me propose de développer ces solutions suivant les puissances des paramètres α et de certaines constantes d'intégration β_1, β_2, β_3, β_4 qui s'annulent pour S.

Nous connaissons déjà les termes de degré zéro de ce développement et nous voulons déterminer successivement les termes de degré 1, de degré 2, etc.

Soient $x = x_0$, $y = y_0$ la solution S et posons

$$\mathrm{X} = \frac{d}{dx_0}\, \mathrm{F}(x_0, y_0, x'_0, y'_0, x''_0, y''_0, 0, 0),$$

cette dérivée étant calculée en regardant x_0, y_0, x'_0, y'_0, x''_0, y''_0 comme des variables indépendantes,

$$\mathrm{Y} = \frac{d\mathrm{F}}{dy_0}, \qquad \mathrm{X}' = \frac{d\mathrm{F}}{dx'_0}, \qquad \ldots,$$

$$\mathrm{X}_1 = \frac{d\mathrm{F}_1}{dx_0}, \qquad \ldots.$$

Supposons qu'on ait trouvé le développement exact jusqu'aux termes du $k^{\text{ième}}$ ordre inclusivement et soit

$$x = x_k, \qquad y = y_k$$

ce développement; si nous substituons ce développement à la place de x et de y dans les équations (1), les premiers membres devront s'annuler aux quantités près du $(k+1)^{\text{ième}}$ ordre. Donc

$$\mathrm{F}(x_k, y_k), \quad \mathrm{F}_1(x_k, y_k)$$

seront des fonctions *connues* dont le développement commencera par des termes d'ordre $k+1$.

Soient maintenant

$$x = x_k + \partial x, \qquad y = y_k + \partial y,$$

et supposons que nous voulions calculer ∂x et ∂y jusqu'aux termes du $(k+1)^{\text{ième}}$ ordre inclusivement et en négligeant ceux du $(k+2)^{\text{ième}}$ ordre.

$$\mathrm{F}(x, y) = \mathrm{F}(x_k + \partial x, y_k + \partial y)$$

pourra se développer par la formule de Taylor, sous la forme

$$\mathrm{F}(x_k, y_k) + \sum \frac{d\mathrm{F}}{dx} \partial x + \frac{1}{2} \sum \frac{d^2\mathrm{F}}{dx^2} \partial x^2 + \dots.$$

Les termes en ∂x^2 (de même que ceux en $\partial x \, \partial y$, $\partial x \, \partial x'$, etc.) sont négligeables, car ∂x^2 est d'ordre $2k+2$.

Dans le coefficient de ∂x, nous pouvons faire

$$x = x_0, \qquad y = y_0, \qquad \alpha_1 = \alpha_2 = 0.$$

Cela donne une erreur du premier ordre dans le coefficient $\dfrac{d\mathrm{F}}{dx}$ et, par conséquent, une erreur d'ordre $k+2$ dans le produit $\dfrac{d\mathrm{F}}{dx} \partial x$, puisque ∂x est d'ordre $k+1$. Cela revient à remplacer

$$\frac{d\mathrm{F}}{dx}, \quad \frac{d\mathrm{F}}{dy}, \quad \frac{d\mathrm{F}}{dx'}, \quad \dots$$

par

$$\mathrm{X}, \quad \mathrm{Y}, \quad \mathrm{X}', \quad \dots.$$

Il reste donc (avec ce degré d'approximation)

$$\mathrm{F}(x, y) = \mathrm{F}(x_k, y_k) + \sum \mathrm{X} \, \partial x,$$

en posant

$$\sum X\,\delta x = X\,\delta x + Y\,\delta y + X'\,\delta x' + Y'\,\delta y' + X''\,\delta x'' + Y''\,\delta y'',$$

de sorte que les équations (1) deviennent

$$(2)\quad \begin{cases} \sum X\,\delta x = -\,F\,(x_k,\,y_k), \\ \sum X_1\,\delta x = -\,F_1(x_k,\,y_k); \end{cases}$$

les seconds membres sont connus de même que les X, de sorte que les équations (2) sont des équations linéaires à second membre. *Les premiers membres demeurent les mêmes à toutes les approximations.*

Supposons en particulier qu'on veuille déterminer les termes de degré 1, en supposant $\alpha_1 = \alpha_2 = 0$; les seconds membres deviennent alors (pour la première équation, par exemple)

$$F(x_0,\,y_0,\,x'_0,\,y'_0,\,x''_0,\,y''_0,\,\alpha_1,\,\alpha_2),$$

ou, puisque $\alpha_1 = \alpha_2 = 0$,

$$F(x_0,\,y_0,\,x'_0,\,y'_0,\,x''_0,\,y''_0,\,0,\,0).$$

Mais cette expression est nulle, puisque

$$x = x_0, \qquad y = y_0$$

est une solution des équations (1) pour $\alpha_1 = \alpha_2 = 0$.

Les équations (2) deviennent donc

$$(3)\quad \begin{cases} \sum X\,\delta x = 0, \\ \sum X_1\,\delta x = 0. \end{cases}$$

Ce sont des équations linéaires *sans second membre.*

Mais on sait que, pour intégrer des équations linéaires avec second membre, il suffit de savoir intégrer les équations sans second membre; on n'a plus à effectuer ensuite que de simples quadratures.

Donc, *quand on saura déterminer les termes de degré* 0 *et ceux de degré* 1, *pour* $\alpha_1 = \alpha_2 = 0$ [c'est-à-dire quand on saura intégrer les équations (3)], *on saura déterminer par qua-dratures les termes de degré supérieur quels que soient* α_1 *et* α_2.

Les équations (3) ont reçu le nom d'*équations aux variations* (cf. *Méthodes nouvelles*, t. 1, Chap. IV).

Dans le cas qui nous occupe, ce sont la parallaxe α et l'excentri-cité solaire E_3 qui jouent le rôle des paramètres α_1 et α_2; le rôle des constantes β est joué par

$$(4) \qquad E_1 e^{i\varpi_1}, \quad E_1 e^{-i\varpi_1}, \quad E_2 e^{i\varpi_2}, \quad E_2 e^{-i\varpi_2}.$$

Nous avons déjà déterminé au Chapitre XXV les termes de degré o; il nous reste donc à déterminer les termes de degré 1 par rapport aux constantes (4), c'est-à-dire par rapport à E_1 et à E_2, en supposant

$$\alpha = E_3 = o;$$

on n'aura plus ensuite à effectuer que de simples quadratures. Au Chapitre XXVI, nous avons calculé les termes de degré 1 par rap-port à E_2; nous avons maintenant à calculer les termes de degré 1 par rapport à E_1.

Tel est le principe qui va nous servir à calculer les différents termes de nos développements; nous verrons dans les Chapitres suivants quelles modifications de détail il convient d'apporter à ce principe pour qu'il s'adapte parfaitement à notre objet.

342. Voulant calculer les termes de degré 1 par rapport à E_1, nous devons faire

$$E_2 = E_3 = \alpha = o;$$

nous retombons donc sur les équations du Chapitre XXV; nous avons d'abord $z = o$, puis les équations (4) du n° **324** :

$$(5) \qquad \begin{cases} x'' - 2my' - 3m^2 x + \dfrac{\varkappa x}{r^3} = o, \\[2mm] y'' + 2mx' \qquad\qquad + \dfrac{\varkappa y}{r^3} = o. \end{cases}$$

Nous avons trouvé plus haut au Chapitre XXV une solution par-ticulière de ces équations (5), soit

$$x = x_0, \qquad y = y_0 :$$

il s'agit d'en trouver une solution plus approchée

$$x = x_0 + \delta x, \qquad y = y_0 + \delta y,$$

en négligeant le carré de E_1 et par conséquent celui de δx et δy. Formons donc les équations aux variations des équations (5); il viendra

$$(6) \qquad \begin{cases} \delta x'' - 2m\,\delta y' - 3m^2\,\delta x + A\,\delta x + B\,\delta y = 0, \\ \delta y'' + 2m\,\delta x' \qquad\quad + B\,\delta x + C\,\delta y = 0, \end{cases}$$

en posant

$$A = \frac{d^2}{dx^2}\left(-\frac{\varkappa}{r}\right), \qquad B = \frac{d^2}{dx\,dy}\left(-\frac{\varkappa}{r}\right), \qquad C = \frac{d^2}{dy^2}\left(-\frac{\varkappa}{r}\right)$$

et en remplaçant bien entendu dans A, B, C, après différentiation, x et y par x_0 et y_0.

Les équations (6) sont des équations différentielles linéaires en δx et δy, puisque A, B, C sont des fonctions connues. Le système formé de deux équations du deuxième ordre est du quatrième ordre; il admettra donc quatre solutions indépendantes. Deux de ces quatre solutions sont déjà connues. En effet, les solutions du Chapitre XXV,

$$x = x_0, \qquad y = y_0,$$

dépendent en réalité de deux constantes arbitraires; nous avons trouvé en effet pour x_0 une solution de la forme

$$x_0 = \varphi(\tau, m)$$

et de même pour y_0. Or

$$\tau = (n_1 - n_2)t, \qquad m = \frac{n_2}{n_1 - n_2}.$$

La solution continuera à convenir si l'on change t en $t + \varepsilon$, de sorte qu'il reste

$$x_0 = \varphi\left[(n_1 - n_2)(t + \varepsilon), \frac{n_2}{n_1 - n_2}\right]$$

avec deux constantes arbitraires ε et n_1, ou bien

$$x_0 = \varphi\left[\frac{n_2}{m}(t + \varepsilon), m\right].$$

Nos équations aux variations (6) admettront donc comme solutions particulières

$$\delta x = \frac{dx_0}{d\varepsilon}, \qquad \delta y = \frac{dy_0}{d\varepsilon},$$

$$\delta x = \frac{dx_0}{dm}, \qquad \delta y = \frac{dy_0}{dm},$$

en prenant pour variables indépendantes t, ε et m, ou bien en revenant aux variables indépendantes τ et m,

$$(7) \quad \begin{cases} \delta x = -\dfrac{n_2}{m}\dfrac{dx_0}{d\tau}, & \delta y = -\dfrac{n_2}{m}\dfrac{dy_0}{d\tau}, \\[2mm] \delta x = -\dfrac{\tau}{m}\dfrac{dx_0}{d\tau} + \dfrac{dx_0}{dm}, & \delta y = -\dfrac{\tau}{m}\dfrac{dy_0}{d\tau} + \dfrac{dy_0}{dm}. \end{cases}$$

Inutile d'ajouter que, dans la première ligne de (7), on pourrait supprimer le facteur constant en n_2 et m, puisque les équations sont linéaires.

Connaissant deux solutions particulières d'un système du quatrième ordre, on sait qu'on peut ramener ce système au deuxième ordre; mais il vaut mieux opérer autrement, parce que la seconde solution (7) n'est pas périodique.

Partons donc de l'intégrale de Jacobi

$$\frac{x'^2 + y'^2}{2} - \frac{3 m^2}{2} x^2 - \frac{\varkappa}{r} = C,$$

et formons-en l'équation aux variations.

Si nous supposons $\delta C = 0$, de façon à éliminer la seconde équation (7), il viendra

$$x'_0 \delta x' + y'_0 \delta y' - 3 m^2 x_0 \delta x + \frac{\varkappa x_0}{r_0^3} \delta x + \frac{\varkappa y_0}{r_0^3} \delta y = 0,$$

ou, puisque x_0 et y_0 satisfont aux équations (5),

$$8) \quad x'_0 \delta x' + y'_0 \delta y' - (x''_0 - 2 m y'_0) \delta x - (y''_0 + 2 m x'_0) \delta y = 0.$$

On vérifiera sans peine que la première solution (7) satisfait bien à (8).

Combinons alors la première équation (6) avec (8); nous aurons un système (9) qui sera du troisième ordre, et qui admettra comme solution particulière

$$\delta x = \frac{dx_0}{d\tau} = x'_0, \qquad \delta y = \frac{dy_0}{d\tau} = y'_0.$$

Grâce à la connaissance de cette solution particulière nous pouvons ramener le système au deuxième ordre. Posons en effet

$$(\delta x + i\,\delta y) = (\xi + i\eta)(x'_0 + iy'_0),$$

avec son imaginaire conjuguée, et prenons pour nouvelles variables ξ et η. Alors, nos équations admettent comme solution particulière

$$\delta x = x'_0, \qquad \delta y = y'_0,$$

d'où

$$\xi + i\eta = \xi - i\eta = 1, \qquad \xi = 1, \qquad \eta = 0;$$

donc ξ satisfait à une équation linéaire du troisième ordre, qui admet pour solution particulière 1, et η à une équation du deuxième ordre de la forme

$$(10) \qquad \eta'' + H\eta' + K\eta = 0;$$

pour ramener cette équation à la forme canonique, posons

$$\eta = \rho\varphi(\tau),$$

ρ étant notre nouvelle inconnue, et φ une fonction périodique de τ, telle que

$$\frac{2\varphi'}{\varphi} + H = 0.$$

Alors ρ satisfait à une équation du deuxième ordre de la forme

$$(11) \qquad \rho'' + \Theta\rho = 0,$$

où Θ est une fonction connue de τ.

343. Il nous faut maintenant montrer que cette équation (11) est de même forme que l'équation (1) du Chapitre précédent, c'est-à-dire que Θ est une fonction paire de τ, périodique de période π et toujours finie.

Dans les équations (6), les coefficients A, B, C sont des fonctions périodiques, de sorte que ces équations ne changent pas quand on change τ en $\tau + \pi$. Si donc nous désignons pour un instant par $\delta_1 x$, $\delta_1 y$, ξ_1, η_1 ce que deviennent δx, δy, ξ, η quand on change τ en $\tau + \pi$, et si δx, δy est une solution, il en sera de même de $\delta_1 x$, $\delta_1 y$. Mais nous avons

$$\delta x + i\,\delta y = (\xi + i\eta)\,(x'_0 + iy'_0),$$

avec sa conjuguée. Si dans cette équation je change τ en $\tau + \pi$,

$$\delta x, \quad \delta y, \quad \xi, \quad \eta, \quad x'_0, \quad y'_0$$

se changeront en

$$\delta_1 x, \quad \delta_1 y, \quad \xi_1, \quad \eta_1, \quad -x'_0, \quad -y'_0,$$

d'où

$$\delta_1 x + i\delta_1 y = -(\xi_1 + i\eta_1)\,(x'_0 + iy'_0),$$

ce qui montre que, si ξ, η est une solution, il en est de même de $-\xi_1$, $-\eta_1$ et par conséquent de ξ_1, η_1 ; ce qui veut dire que les équations en ξ et en η ne changent pas quand on change τ en $\tau + \pi$. Donc, dans l'équation (10), H et K sont périodiques.

Si l'on change τ en $-\tau$ et δy en $-\delta y$ les équations (6) ne changent pas, car A, B, C se changent en A, $-$ B et C. D'autre part, x'_0 et y'_0 se changent en $-x'_0$ et y'_0. Donc

$$\xi + i\eta = \frac{\delta x + i\,\delta y}{x'_0 + iy'_0}$$

se change en

$$-\frac{\delta x - i\,\delta y}{x'_0 - iy'_0} = -\xi - i\eta,$$

ce qui veut dire que ξ change de signe et que η ne change pas. L'équation (10) ne doit donc pas changer, ce qui veut dire que K est une fonction paire et H une fonction impaire de τ.

Si nous reprenons l'équation

$$\frac{2\varphi'}{\varphi} + H = 0,$$

nous verrons que

$$\varphi = e^{-\frac{1}{2}\int H\,d\tau}.$$

Or H est une fonction périodique et sa valeur moyenne est nulle puisque c'est une fonction impaire ; donc $\int H\,d\tau$, et par conséquent, φ est une fonction périodique et paire. On en conclura que Θ est une fonction périodique et paire. Nous verrons d'ailleurs bientôt la façon de déterminer complètement φ.

Il reste à montrer que Θ est toujours finie. Pour cela nous remarquerons que δx et δy sont finis; donc

$$\xi + i\eta = \frac{\delta x + i\delta y}{x'_0 + iy'_0}$$

ne pourrait devenir infini, τ étant réel, que si l'on avait à la fois

$$x'_0 = y'_0 = 0,$$

ce qui ne peut arriver, les trajectoires fermées de la Lune (rapportées aux axes tournants), étudiées au Chapitre XXV, ne présentant de point de rebroussement que pour $\dfrac{l}{m} = 1,78$.

Il faudrait faire voir maintenant que φ et par conséquent Θ sont finis; pour cela nous allons déterminer φ, mais il est nécessaire de reprendre la chose d'un peu plus haut.

344. Il serait facile de déterminer φ en faisant le calcul tout au long, mais il est plus instructif de procéder autrement. Les équations (6) admettent quatre intégrales linéairement indépendantes; nous connaissons déjà deux d'entre elles qui sont les intégrales (7).

Les deux autres, d'après les propriétés générales des équations linéaires à coefficients périodiques, seront de la forme

$$(12)\qquad\begin{cases} \delta x + i\,\delta y = \sum b_k \zeta^{c+2k+1}, \\[2mm] \delta x - i\,\delta y = \sum c_k \zeta^{c+2k+1}, \end{cases}$$

et, en changeant τ en $-\tau$ et δy en $-\delta y$, ce qui ne change pas les équations,

$$(12\,bis)\qquad\begin{cases} \delta x - i\,\delta y = \sum b_k \zeta^{-c-2k-1}, \\[2mm] \delta x + i\,\delta y = \sum c_k \zeta^{-c-2k-1}. \end{cases}$$

En additionnant ces solutions, on trouverait une solution réelle

$$\delta x = \sum (b_k + c_k)\cos[w_3 + w_1 + (2k+1)\tau],$$

$$\delta y = \sum (b_k - c_k)\sin[w_3 + w_1 + (2k+1)\tau];$$

les coefficients b_k et c_k sont réels. Le nombre c nous fait connaître le mouvement du périgée de même que le nombre g nous faisait connaître celui du nœud, la remarque du n° 340 restant applicable. On pose

$$w_1 + w_3 = c\tau + \varepsilon,$$

ε étant une constante arbitraire et w_3 représentant la quantité

$$w_3 = w_1' = n_3 t + \varpi_3$$

définie au Chapitre XXIV avec les conditions

$$c = \frac{n_3 + n_1}{n_1 - n_2}, \qquad \varepsilon = \varpi_3, \qquad c = 1 + m + \frac{n_3}{n_1 - n_2}.$$

Entre les quatre solutions (7), (12) et $(12\ bis)$ existent certaines relations bilinéaires dont nous allons indiquer l'origine.

Considérons un système d'équations canoniques

$$(13) \qquad \frac{dx}{dt} = \frac{dF}{dy}, \qquad \frac{dy}{dt} = -\frac{dF}{dx};$$

d'après le théorème du n° 16, rappelé au n° 318, il existe une fonction Ω telle qu'on ait

$$\sum x\,dy = d\Omega + \sum A\,d\alpha - F\,dt,$$

les A dépendant seulement des constantes d'intégration α; on aura donc, par exemple,

$$\sum x\,\frac{dy}{d\alpha_1} = \frac{d\Omega}{d\alpha_1} + A_1,$$

$$\sum x\,\frac{dy}{d\alpha_2} = \frac{d\Omega}{d\alpha_2} + A_2.$$

Si nous différentions la première par rapport à α_2, la seconde par rapport à α_1, il viendra

$$\sum \frac{dx}{d\alpha_2}\,\frac{dy}{d\alpha_1} + \sum x\,\frac{d^2 y}{d\alpha_1\,d\alpha_2} = \frac{d\Omega}{d\alpha_1\,d\alpha_2} + \frac{dA_1}{d\alpha_2},$$

$$\sum \frac{dx}{d\alpha_1}\,\frac{dy}{d\alpha_2} + \sum x\,\frac{d^2 y}{d\alpha_1\,d\alpha_2} = \frac{d\Omega}{d\alpha_1\,d\alpha_2} + \frac{dA_2}{d\alpha_1},$$

ou, en retranchant,

$$\sum \left(\frac{dx}{d\alpha_2} \frac{dy}{d\alpha_1} - \frac{dx}{d\alpha_1} \frac{dy}{d\alpha_2} \right) = \frac{dA_1}{d\alpha_2} - \frac{dA_2}{d\alpha_1}.$$

Comme les A ne dépendent que des constantes d'intégration, le second membre se réduit à une constante.

Supposons qu'on forme les équations aux variations des équations (13); nous obtiendrons deux solutions particulières de ces équations en faisant

$$\delta x = \frac{dx}{d\alpha_1}, \qquad \delta y = \frac{dy}{d\alpha_1}$$

et

$$\delta x = \frac{dx}{d\alpha_2}, \qquad \delta y = \frac{dy}{d\alpha_2},$$

et nous obtiendrons ainsi toutes les solutions indépendantes de ces équations aux variations. Si donc

$$\delta x = \xi, \qquad \delta y = \eta, \qquad \delta x = \xi^*, \qquad \delta y = \eta^*$$

sont deux solutions quelconques de ces équations, on aura entre elles la relation bilinéaire

$$\sum (\xi \eta^* - \eta \xi^*) = \text{const.}$$

Nous pouvons appliquer ces principes aux équations qui nous occupent, puisque les équations (4) et (6) du Chapitre XXV dérivent directement des équations canoniques (1). Les variables conjuguées sont alors

$$(x, X), \quad (y, Y)$$

et leurs variations sont

$$\delta x, \qquad \delta X = \delta \frac{dx}{dt} - n_2 \delta y = (n_1 - n_2)(\delta x' - m \, \delta y),$$

$$\delta y, \qquad \delta Y = \delta \frac{dy}{dt} + n_2 \delta x = (n_1 - n_2)(\delta y' + m \, \delta x).$$

Soit alors

$$\delta x = \delta_1 x, \qquad \delta X = \delta_1 X, \qquad \delta y = \delta_1 y, \qquad \delta Y = \delta_1 Y$$

une solution particulière des équations aux variations, et repré-

sentons de même par des indices 2 une seconde solution particulière ; on aura

$$(\delta_1 x\, \delta_2 X - \delta_1 X\, \delta_2 x) + (\delta_1 y\, \delta_2 Y - \delta_1 Y\, \delta_2 y) = \text{const.},$$

ou, en remplaçant δX, δY par leurs valeurs et divisant par $n_1 - n_2$,

$$(14) \quad \left\{ \begin{aligned} &(\delta_1 x\, \delta_2 x' - \delta_2 x\, \delta_1 x') \\ &+ (\delta_1 y\, \delta_2 y' - \delta_2 y\, \delta_1 y') + 2\,m(\delta_1 y\, \delta_2 x - \delta_2 y\, \delta_1 x) = \text{const.} \end{aligned} \right.$$

La constante du second membre est nulle si les deux solutions
δ_1 et δ_2 sont identiques ; elle est nulle encore si l'on combine une
des solutions (7) avec une des solutions (12) ou (12 *bis*). Si l'on
combine en effet la seconde solution (7) avec (12), le premier
membre de (14) ne contiendra que des termes en

$$\tau\zeta^{c+n} \quad \text{ou} \quad \zeta^{c+n} \qquad (n \text{ étant entier}).$$

Aucun de ces termes ne peut être constant à moins d'être nul.

D'autre part, si nous considérons une solution δ_1, la constante
du second membre ne peut être nulle, quelle que soit la solution δ_2 ;
sans cela on aurait entre les quatre quantités

$$\delta_1 x, \quad \delta_1 y, \quad \delta_1 x', \quad \delta_1 y'$$

quatre relations homogènes du premier degré dont le déterminant
n'est pas nul, et ces quatre quantités devraient s'annuler à la fois.

Nous devrons donc conclure que la constante du second membre
n'est pas nulle quand on combine entre elles les deux solutions (7)
ou les deux solutions (12), (12 *bis*).

345. Que devient la relation (14) quand on fait subir à nos
équations les transformations du n° 342? Il est clair que nous
allons avoir une relation bilinéaire entre deux solutions quelconques des équations transformées

$$\xi_1, \quad \eta_1, \quad \xi_1', \quad \eta_1',$$
$$\xi_2, \quad \eta_2, \quad \xi_2', \quad \eta_2'.$$

Cette relation bilinéaire devra être évidemment satisfaite, la constante du second membre étant nulle quand l'une de ces deux
solutions correspondra à la première solution (7), c'est-à-dire quand

on fera

ou bien

$$\xi_1 = 1, \qquad \xi'_1 = \eta_{11} = \eta'_1 = 0,$$

$$\xi_2 = 1, \qquad \xi'_2 = \eta_{12} = \eta'_2 = 0.$$

Nous en devons conclure que ξ_1 et ξ_2 ne doivent pas figurer dans notre relation bilinéaire; nous aurons donc une relation bilinéaire entre

$$\xi'_1, \quad \eta_{11}, \quad \eta'_1,$$
$$\xi'_2, \quad \eta_{12}, \quad \eta'_2.$$

Si, dans la relation (14), nous prenons pour la solution δ_1 la première solution (7), nous retomberons sur l'équation (8) déduite plus haut de l'intégrale de Jacobi. Transformons cette équation (8) en faisant

$$\delta x + i\,\delta y = (\xi + i\eta)(x' + iy');$$

elle deviendra

$$(15) \qquad \frac{\xi'}{2\eta} = \frac{x'_0 y''_0 - y'_0 x''_0}{x'^2_0 + y'^2_0} - m.$$

Si, en partant de cette équation (15), nous remplaçons ξ'_1 et ξ'_2 en fonctions de η_{11} et η_{12}, il restera une simple relation bilinéaire entre

$$\eta_{11}, \quad \eta'_1, \quad \eta_{12}, \quad \eta'_2,$$

qui devra être de la forme

$$\psi(\tau)(\eta_1\eta'_2 - \eta_{12}\eta'_1) = \text{const.},$$

$\psi(\tau)$ étant une fonction connue de τ; il est d'ailleurs aisé de voir que

$$\psi(\tau) = \frac{1}{\varphi^2(\tau)},$$

cette fonction φ étant celle du n° 342.

346. Reprenons les équations (6) et passons aux variables ξ et η; nous aurons deux équations linéaires entre

$$\xi'', \quad \eta'', \quad \xi', \quad \eta', \quad \xi, \quad \eta,$$

où ξ ne figurera pas puisqu'elles doivent être satisfaites pour $\xi = 1$, $\eta = 0$.

Multiplions-les par $-y'_0$ et x'_0 et ajoutons de façon à éliminer ξ''; il restera

$$\eta''_1, \quad \xi', \quad \eta'_1, \quad \eta;$$

remplaçons ensuite ξ' en fonction de η_1 à l'aide de l'équation (15); on trouvera ainsi

$$(16) \qquad \eta''_1 (x_0'^2 + y_0'^2) + 2\eta_1'(x_0' x_0'' + y_0' y_0'') + M\eta = 0,$$

M étant une fonction connue de τ; si nous comparons à l'équation (10), nous trouverons

$$H = 2\frac{x_0' x_0'' + y_0' y_0''}{x_0'^2 + y_0'^2},$$

d'où

$$\varphi = \frac{1}{\sqrt{x_0'^2 + y_0'^2}}.$$

Nous en conclurons d'abord que φ ne peut devenir ni nul ni infini, par conséquent que ρ reste fini, et enfin que Θ (qu'il est d'ailleurs aisé de former) est toujours fini, car, si Θ devenait infini, l'une des deux intégrales de l'équation (11) devrait devenir infinie.

Donc l'équation (11) est de même forme que l'équation (1) du Chapitre XXVI, et tout ce que nous avons dit dans ce Chapitre devient applicable. On peut se servir en particulier du déterminant de Hill pour calculer le mouvement du périgée. La seule différence c'est que Θ_1 est notablement plus grand, et il en résulte deux choses : d'abord la convergence du développement est moins rapide que pour le mouvement du nœud et c'est ce qui explique les circonstances qui avaient tant étonné les mathématiciens du XVIIIe siècle; ensuite certaines inégalités ont un coefficient notable. C'est ainsi qu'à côté des termes en b_0 et c_0 qui représentent les termes principaux de *l'équation du centre*, nous avons les termes en b_{-1} et c_1 qui nous donnent la grande inégalité connue sous le nom d'*évection*.

347. On peut obtenir immédiatement un système du second ordre auquel satisfont δx et δy, je veux dire les solutions (12) et (12 *bis*) qui nous intéressent. Reprenons en effet la relation bilinéaire (14), et imaginons que $\delta_2 x$, $\delta_2 y$ (que nous désignerons simplement par δx, δy en supprimant l'indice 2) représentent

l'une des solutions (12) ou (12 *bis*) et que $\delta_1 x$, $\delta_1 y$ représentent une des solutions (7); la constante du second membre sera nulle, mais les solutions (7) peuvent être regardées comme connues, cela va donc nous donner une relation linéaire entre δx, δy, $\delta x'$, $\delta y'$; comme nous avons deux solutions (7), cela va nous donner un système de deux équations différentielles du premier ordre entre δx et δy.

Prenons d'abord la première solution (7),

$$\delta_1 x = \frac{dx_0}{dz} = x'_0, \qquad \delta_1 y = \frac{dy_0}{dz} = y'_0,$$

d'où

$$\delta_1 x' = x''_0, \qquad \delta_1 y' = y''_0 ;$$

nous trouverons

$$(16) \qquad x'_0 \, \delta x' + y'_0 \, \delta y' - x''_0 \, \delta x - y'' \, \delta y + 2 m (y'_0 \, \delta x - x'_0 \, \delta y) = 0.$$

Prenons ensuite la seconde solution (7),

$$\delta_1 x = - \frac{z}{m} x'_0 + \frac{dx_0}{dm}, \qquad \delta_1 y = - \frac{z}{m} y'_0 + \frac{dy_0}{dm},$$

d'où

$$\delta_1 x' = - \frac{z}{m} x''_0 + \frac{dx'_0}{dm} - \frac{x'_0}{m}, \qquad \delta_1 y' = - \frac{z}{m} y''_0 + \frac{dy'_0}{dm} - \frac{y'_0}{m}.$$

Nous trouverons $\left[\right.$en tenant compte de la relation (16), en vertu de laquelle les termes en $\dfrac{z}{m}$ se détruisent$\left.\right]$

$$(17) \quad \begin{cases} \dfrac{dx_0}{dm} \delta x' + \dfrac{dy_0}{dm} \delta y' - \dfrac{dx'_0}{dm} \delta x - \dfrac{dy'_0}{dm} \delta y \\[2mm] \quad + \dfrac{x'_0 \, \delta x + y'_0 \, \delta y}{m} + 2 m \left(\dfrac{dy_0}{dm} \delta x - \dfrac{dx_0}{dm} \delta y \right) = 0. \end{cases}$$

Il s'agit d'intégrer le système (16), (17). On pourrait chercher à le ramener à la forme canonique, ou bien en faciliter l'intégration par l'emploi de l'artifice du n° **327**. Reprenons les équations (3 *bis*) de ce n° **327**, que j'écris

$$(3 \; bis) \quad \begin{cases} x'' - 2 p y' - \dfrac{3}{2} p^2 x - \dfrac{3}{2} m^2 x + \dfrac{x x}{r^3} = 0, \\[3mm] y'' + 2 p x' - \dfrac{3}{2} p^2 y - \dfrac{3}{2} m^2 y + \dfrac{x y}{r^3} = 0. \end{cases}$$

Nous pourrons remarquer que ces équations peuvent être déduites d'équations de forme canonique ; il suffit de prendre comme variables conjuguées

$$X, \quad Y, \quad x, \quad y$$

avec

$$F = \frac{X^2 + Y^2}{2} - \frac{m_1 + m_7}{r} + n_2(Xy - Yx) - n_2^2 \frac{x^2 + y^2}{4} - 3h^2 \frac{x^2 - y^2}{4},$$

de former les équations canoniques

$$\frac{dx}{dt} = \frac{dF}{dX}, \qquad \frac{dX}{dt} = -\frac{dF}{dx}, \qquad \ldots,$$

d'éliminer X et Y, et de poser

$$d\tau = (n_1 - n_2)\,dt, \qquad n_2 = p(n_1 - n_2), \qquad h = m(n_1 - n_2),$$

$$\varkappa = \frac{m_1 + m_7}{(n_1 - n_2)^2}.$$

Recommençons sur ces équations ($5\ bis$) les mêmes raisonnements que sur les équations (5).

Les équations ($5\ bis$) admettront le système de solutions périodiques formées au Chapitre XXV et que nous écrirons

$$x_0 = \varphi(\tau, p, m), \qquad y_0 = \varphi_1(\tau, p, m).$$

Nous formerons les équations aux variations analogues aux équations (6) en posant

$$x = x_0 + \delta x, \qquad y = y_0 + \delta y.$$

Ces équations admettraient des solutions analogues aux équations (7) qu'on obtiendrait en différentiant, par rapport aux deux constantes d'intégration ε et n_1, l'expression

$$x_0 = \varphi\left[(n_1 - n_2)(t + \varepsilon), \frac{n_2}{n_1 - n_2}, \frac{h}{n_1 - n_2}\right],$$

d'où les deux solutions particulières

$$\delta x = \frac{dx_0}{d\varepsilon} = (n_1 - n_2)\frac{dx_0}{d\tau},$$

$$\delta x = \frac{dx_0}{dn_1} = (t + \varepsilon)\frac{dx_0}{d\tau} - \frac{n_2}{(n_1 - n_2)^2}\frac{dx_0}{dp} - \frac{h}{(n_1 - n_2)^2}\frac{dx_0}{dm},$$

ou, en supprimant des facteurs constants,

$$\delta x = x'_0, \qquad \delta x = -\tau \frac{dx_0}{d\tau} + p\frac{dx_0}{dp} + m\frac{dx_0}{dm},$$

qui remplacent les solutions (7).

Dans ces conditions, (16) et (17) deviennent

$$(16\ bis) \qquad \sum x'_0\,\delta x' - \sum x''_0\,\delta x + 2p(y'_0\,\delta x - x'_0\,\delta y) = 0,$$

$$(17\ bis)\ \left\{ \begin{aligned} &\sum\left(m\frac{dx_0}{dm} + p\frac{dx_0}{dp}\right)\delta x' - \sum\left(m\frac{dx'_0}{dm} + p\frac{dx'_0}{dp}\right)\delta x \\ &+ \sum x'_0\,\delta x + 2pm\left(\frac{dy_0}{dm}\delta x - \frac{dx_0}{dm}\delta y\right) + 2p^2\left(\frac{dy_0}{dp}\delta x - \frac{dx_0}{dp}\delta y\right) = 0 \end{aligned}\right.$$

On va ensuite chercher à développer suivant les puissances de m^2, et il arrivera alors la même circonstance signalée à la fin du n° 328 que le développement du coefficient d'un même terme procédera suivant les puissances non de m^2, mais de m^4.

Mais, pour $m = 0$, on a simplement

$$x_0 = \mathrm{A}\cos\tau, \qquad y_0 = \mathrm{A}\sin\tau,$$

A étant une fonction de p facile à former; il vient donc

$$x'_0 = -\mathrm{A}\sin\tau, \qquad y'_0 = \mathrm{A}\cos\tau,$$

$$p\frac{dx_0}{dp} = \quad \mathrm{B}\cos\tau, \qquad p\frac{dy_0}{dp} = \mathrm{B}\sin\tau,$$

en posant pour abréger

$$\mathrm{B} = p\frac{d\mathrm{A}}{dp}.$$

Soient alors

$$\mathrm{F}(x_0, y_0, m), \qquad \mathrm{F}_1(x_0, y_0, m)$$

les premiers membres des équations (16 *bis*) et (17 *bis*) que j'écris sans mettre en évidence ni p, ni les inconnues δx, δy et leurs dérivées. Nous désignerons de même par

$$\mathrm{F}(\mathrm{A}\cos\tau, \mathrm{A}\sin\tau, 0)$$

ce que devient $\mathrm{F}(x_0, y_0, m)$ quand on y remplace m par zéro, x_0 et y_0 par leurs valeurs approchées $\mathrm{A}\cos\tau$, $\mathrm{A}\sin\tau$, et par conséquent x'_0, y'_0, $\dfrac{dx_0}{dp}$, $\dfrac{dy_0}{dp}$, ... par les valeurs correspondantes. Alors

$$F\ (x_0,\ y_0,\ m) - F\ (A\cos\tau,\ A\sin\tau,\ o) = -M,$$
$$F_1(x_0,\ y_0,\ m) - F_1(A\cos\tau,\ A\sin\tau,\ o) = -M_1$$

contiendront m^2 en facteur. Les équations (16 *bis*) et (17 *bis*) pourront alors s'écrire

$$(18)\qquad \begin{cases} F\ (A\cos\tau,\ A\sin\tau,\ o) = M, \\ F_1(A\cos\tau,\ A\sin\tau,\ o) = M_1, \end{cases}$$

et elles pourront s'intégrer par approximations successives; on négligera d'abord m^2, de sorte que les seconds membres seront nuls. Ensuite on remplacera dans les seconds membres δx et δy par leurs premières valeurs approchées, de sorte que les seconds membres seront connus et que les équations (18) se présenteront sous la forme d'équations linéaires à second membre, et l'on obtiendra à l'aide de ces équations de nouvelles valeurs approchées, et ainsi de suite.

On voit aisément que les premiers membres sont de la forme

$$(19)\qquad \begin{cases} A(-\sin\tau\ \delta x' + \cos\tau\ \delta y') + C(\ \ \cos\tau\ \delta x + \sin\tau\ \delta y), \\ B(\ \ \cos\tau\ \delta x' + \sin\tau\ \delta y') + D(-\sin\tau\ \delta x + \cos\tau\ \delta y'); \end{cases}$$

A et B (déjà définis) de même que C et D sont des coefficients numériques dépendant de p et faciles à former.

Les équations (18) étant des équations linéaires à second membre, il faudrait savoir intégrer les équations linéaires sans second membre, c'est-à-dire les équations obtenues en égalant à zéro les expressions (19). Or, si nous posons

$$\xi = \zeta^{-1}\ \delta u = \zeta^{-1}(\delta x + i\ \delta y),$$
$$\eta = \zeta\ \ \delta s = \zeta\ \ (\delta x - i\ \delta y),$$

ces équations sans second membre prendront la forme

$$\xi' - \alpha\xi + \beta\eta = o,$$
$$\eta' + \gamma\xi - \delta\eta = o,$$

α, β, γ, δ étant des coefficients constants; les équations (18) prendront la forme

$$\xi' + \alpha\xi + \beta\eta = P,$$
$$\eta' + \gamma\xi + \delta\eta = Q,$$

P et Q étant des fonctions connues, équations qui s'intègrent aisément.

348. On peut se servir du système (16 *bis*), (17 *bis*) et du procédé d'approximations successives que nous venons d'exposer pour la détermination de c et des coefficients b_k et c_k. Il suffit d'appliquer les principes du n° 335.

Déterminons, par exemple, par le procédé précédent, la solution particulière des équations (16 *bis*), (17 *bis*), qui, pour $\tau = 0$, donne comme valeurs initiales

$$\delta x = 1, \qquad \delta y = 0.$$

On aura alors

$$\delta x + i\,\delta y = \sum b_k \zeta^{c+2k+1} + \sum c_k \zeta^{-c-2k-1},$$

avec la condition

$$\sum b_k + \sum c_k = 1$$

(que nous pouvons supposer remplie, puisque les *rapports* des coefficients b_k et c_k sont seuls déterminés).

La valeur de δx pour $\tau = \pi$ sera alors

$$- \cos c\pi,$$

ce qui détermine c.

CHAPITRE XXVIII.

TERMES D'ORDRE SUPÉRIEUR.

349. La détermination des termes d'ordre supérieur se fera en appliquant les principes du n° 341. Je suppose qu'on ait déterminé nos coordonnées jusqu'aux termes du $k^{\text{ième}}$ ordre inclusivement, et soit par exemple $x = x_k$ la valeur approchée ainsi obtenue ; posons $x = x_k + \delta x$ et cherchons à déterminer δx jusqu'aux termes du $(k+1)^{\text{ième}}$ ordre inclusivement ; nous serons amenés à former des équations analogues aux équations (2) du n° 341 ; ce sont des équations linéaires à second membre. Les premiers membres sont toujours les mêmes, quel que soit k. Nous avons appris à intégrer les équations *sans second membre* aux Chapitres XXVI et XXVII, en formant les termes du premier ordre. L'intégration des équations à second membre, et par conséquent la détermination des termes d'ordre supérieur, peut donc s'opérer par de simples quadratures.

Toutefois une complication se présente : nous n'avons pas seulement trois fonctions inconnues qui sont nos coordonnées x, y, z ; nous avons encore deux *constantes* inconnues g et c d'où dépendent les mouvements du nœud et du périgée.

Ces deux constantes sont développables suivant les puissances de

$$ E_1^2, \quad E_2^2, \quad E_3^2, \quad \alpha^2. $$

Nous n'avons déterminé jusqu'ici aux Chapitres XXVI et XXVII, ainsi que nous l'avons remarqué au n° 340, que les premiers termes de ces développements, ceux qui sont indépendants des E_i^2 et de α^2.

Supposons alors qu'on ait déterminé g et c jusqu'aux termes du $(k-1)^{\text{ième}}$ ordre inclusivement, et soient g_{k-1} et c_{k-1} ces valeurs approchées; soient ensuite $g_{k-1} + \delta g$, $c_{k-1} + \delta c$ des valeurs plus approchées jusqu'aux termes du $k^{\text{ième}}$ ordre inclusivement; en même temps que δx, δy, δz, il nous faut déterminer δg et δc. Nous ferons cette détermination, comme on le verra dans la suite, de façon à faire disparaître les termes séculaires.

350. Rappelons en quoi consiste la méthode de Lagrange pour l'intégration des équations à second membre. Considérons pour fixer les idées un système du troisième ordre, formé de trois équations du premier ordre. Soient donc X, Y, Z trois combinaisons linéaires de x, y, z; soient A, B, C trois fonctions connues, x', y', z' les dérivées de x, y, z; nos trois équations pourront s'écrire

$$(1) \qquad x' + X = A, \qquad y' + Y = B, \qquad z' + Z = C.$$

Supposons qu'on ait intégré les équations sans second membre

$$(2) \qquad x' + X = y' + Y = z' + Z = 0,$$

et soient

$$x = x_i, \qquad y = y_i, \qquad z = z_i \qquad (i = 1, 2, 3)$$

trois solutions indépendantes du système (2). On posera

$$x = \lambda_1 x_1 + \lambda_2 x_2 + \lambda_3 x_3,$$

$$y = \sum \lambda_i y_i, \qquad z = \sum \lambda_i z_i,$$

et l'on cherchera à déterminer les nouvelles fonctions inconnues λ_i. Le système (1) deviendra

$$(3) \qquad \sum \lambda'_i x_i = A, \qquad \sum \lambda'_i y_i = B, \qquad \sum \lambda'_i z_i = C,$$

et l'on en déduira les λ'_i sous la forme

$$\lambda'_i = \alpha_i A + \beta_i B + \gamma_i C \qquad (i = 1, 2, 3),$$

les α_i, les β_i et les γ_i étant des fonctions connues de t, de sorte que la détermination des λ_i et par conséquent celle de x, y, z sont ramenées à des quadratures. Les fonctions α_i, β_i, γ_i peuvent s'obtenir par l'intégration des équations du premier degré (3).

Tel est le procédé classique, mais il y a des cas où quelques simplifications sont possibles. Supposons d'abord un système du second ordre au lieu du troisième, de sorte que les équations (3) s'écrivent

$$(3 \; bis) \qquad \begin{cases} \lambda'_1 \, x_1 + \lambda'_2 \, x_2 = \mathrm{A}, \\ \lambda'_1 y_1 + \lambda'_2 y_2 = \mathrm{B}. \end{cases}$$

Supposons qu'on ait entre les solutions du système sans second membre une relation bilinéaire

$$x_1 y_2 - y_1 x_2 = \mathrm{H},$$

H étant une fonction connue de t. On aura

$$\lambda'_1 \, \mathrm{H} = \mathrm{A} \, y_2 - \mathrm{B} \, x_2,$$

d'où

$$\alpha_1 = \frac{y_2}{\mathrm{H}}, \qquad \beta_1 = - \frac{x_2}{\mathrm{H}},$$

et de même

$$\alpha_2 = - \frac{y_1}{\mathrm{H}}, \qquad \beta_2 = \frac{x_1}{\mathrm{H}}.$$

Supposons par exemple qu'on ait une équation de la forme

$$x'' + \theta \, x = \mathrm{B},$$

ce qu'on peut remplacer par le système

$$x' - y = 0, \qquad y' + \theta \, x = \mathrm{B};$$

on aura alors

$$x_1 y_2 - x_2 y_1 = 1,$$

d'où

$$x = \lambda_1 x_1 + \lambda_2 x_2,$$
$$\lambda'_1 = - x_2 \mathrm{B}, \qquad \lambda'_2 = x_1 \mathrm{B}.$$

351. Supposons un système d'équations canoniques

$$(4) \qquad \frac{dx}{dt} = \frac{d\mathrm{F}}{d\mathrm{X}}, \qquad \frac{d\mathrm{X}}{dt} = - \frac{d\mathrm{F}}{dx},$$

avec les variables conjuguées

$$x, \quad y, \quad z,$$
$$\mathrm{X}, \quad \mathrm{Y}, \quad \mathrm{Z}.$$

Soit x_0, X_0, ... une solution particulière de ces équations;

posons

$$x = x_0 + \delta x, \qquad X = X_0 + \delta X, \qquad \ldots,$$

et, négligeant les carrés de δx, ..., formons les équations aux variations des équations (4); (x), (X), ... étant des fonctions linéaires des six variables x, X, ...; soient

$$(5) \qquad \delta x' + (x) = 0, \qquad \delta X' + (X) = 0, \qquad \ldots$$

ces équations aux variations. Soient

$$\delta x = x_i, \qquad \delta X = X_i \qquad \ldots \qquad (i = 1, 2, 3, 4, 5, 6)$$

six solutions indépendantes des équations (5). Considérons maintenant les équations à second membre

$$(6) \qquad \delta x' + (x) = A, \qquad \delta X' + (X) = A^\star, \qquad \ldots,$$

où A, $A^\star$ sont des fonctions connues. Posons

$$x = \sum \lambda_i x_i, \qquad X = \sum \lambda_i X_i, \qquad \ldots,$$

d'où

$$\sum \lambda_i' x_i = A, \qquad \sum \lambda_i' X_i = A^\star, \qquad \ldots,$$

et

$$\lambda_i' = \alpha_i A + \beta_i B + \gamma_i C + \alpha_i^\star A^\star + \beta_i^\star B^\star + \gamma_i^\star C^\star.$$

Il s'agit de déterminer les fonctions α, ...

A cet effet, rappelons-nous qu'on a, d'après le n° 344,

$$(x_i X_k - x_k X_i) + (y_i Y_k - y_k Y_i) + (z_i Z_k - z_k Z_i) = \text{const.},$$

ce que j'écrirai simplement

$$(7) \qquad \sum (x_i X_k - x_k X_i) = \text{const.}$$

On peut choisir les solutions particulières x_i, ... du système (5) de telle façon que la constante du second membre soit égale à 1 pour

$$i = 1, \qquad k = 2; \qquad i = 3, \qquad k = 4; \qquad i = 5, \qquad k = 6,$$

et à zéro dans tous les autres cas.

En se servant alors des équations (7), on trouve aisément

$$\alpha_1 = X_2, \qquad \beta_1 = Y_2, \qquad \gamma_1 = Z_2,$$
$$\alpha_1^* = -x_2, \qquad \beta_1^* = -y_2, \qquad \gamma_1^* = -z_2;$$
$$\alpha_2 = -X_1, \qquad \ldots\ldots\ldots, \qquad \ldots\ldots\ldots,$$
$$\alpha_2^* = x_1, \qquad \ldots\ldots\ldots, \qquad \ldots\ldots\ldots;$$

et de même

$$\alpha_3 = X_4, \qquad \alpha_4 = -X_3; \qquad \alpha_5 = X_6, \qquad \alpha_6 = -X_5.$$
$$\ldots\ldots\ldots\ldots\ldots\ldots\ldots\ldots\ldots\ldots\ldots\ldots\ldots$$

352. Reprenons les équations canoniques (23) du n° 320 :

$$(8) \qquad \frac{dx}{dt} = \frac{dF'}{dX}, \qquad \frac{dX}{dt} = -\frac{dF'}{dx}.$$

Supposons qu'on ait trouvé une solution exacte jusqu'aux termes du $k^{\text{ième}}$ ordre inclusivement (par rapport aux E et à α). Soit

$$x = x_k, \qquad y = y_k, \qquad z = z_k, \qquad X = X_k, \qquad \ldots$$

cette solution. Il convient, comme je l'expliquais au début de ce Chapitre, de tenir compte des constantes c et g. Je suppose que nous possédions des valeurs approchées de ces constantes,

$$c = c_{k-1}, \qquad g = g_{k-1},$$

exactes jusqu'aux termes du $(k-1)^{\text{ième}}$ ordre inclusivement. Je dis d'abord que l'erreur commise sur les deux membres des équations (8) est du $(k+1)^{\text{ième}}$ ordre. Cela est évident pour les seconds membres, puisque nous y substituons à la place des inconnues des valeurs exactes jusqu'au $k^{\text{ième}}$ ordre exclusivement. Pour les premiers membres, où figurent les constantes c et g, cela exige un peu plus d'attention.

En effet x, par exemple, est une fonction périodique des quatre arguments $w_i = n_i t + \varpi_i$. On aura donc

$$\frac{dx}{dt} = \sum n_i \frac{dx}{dw_i};$$

mais, comme

$$n_3 = (c - 1 - m)(n_1 - n_2), \qquad n_4 = (g - 1 - m)(n_1 - n_2),$$

$\frac{dx}{dt}$ dépend de c et de g. Quelle est l'erreur commise si nous substituons x_k, c_{k-1} et g_{k-1} à la place de x, c et g? Si nous remplaçons x par x_k, nous commettons une erreur du $(k+1)^{\text{ième}}$ ordre; si nous remplaçons ensuite c par c_{k-1}, nous commettons une nouvelle erreur

$$(n_1 - n_2)(c - c_{k-1})\frac{dx_k}{dw_3}.$$

Or $c - c_{k-1}$ est du $k^{\text{ième}}$ ordre; je dis que $\frac{dx_k}{dw_3}$ est du premier ordre, car $x_k - x_0$ est du premier ordre, et $\frac{dx_0}{dw_3}$ est nul puisque x_0 ne dépend que de $w_1 - w_2$. L'erreur est donc du $(k+1)^{\text{ième}}$ ordre; et il en est de même quand on remplace g par g_{k-1}.

C. Q. F. D.

Soit donc

$$(9) \qquad\qquad A, \quad A^*, \quad B, \quad B^*, \quad C, \quad C^*$$

ce que deviennent les différences

$$-\frac{dx}{dt} + \frac{dF'}{dX}, \quad -\frac{dX}{dt} - \frac{dF'}{dx}, \quad -\frac{dy}{dt} + \frac{dF'}{dY}, \quad \ldots,$$

quand on y fait cette substitution.

Les expressions (9) seront des fonctions *connues* qui seront du $(k+1)^{\text{ième}}$ ordre.

Posons alors

$$x = x_k + \delta x, \qquad X = X_k + \delta X, \qquad c = c_{k-1} + \delta c, \qquad \ldots,$$

et proposons-nous de pousser l'approximation jusqu'au $(k+1)^{\text{ième}}$ ordre pour x, jusqu'au $k^{\text{ième}}$ ordre pour c. Nous pourrons négliger les carrés de δx, δc, $\ldots$, et nos équations prendront la forme

$$(10) \qquad \delta\frac{dx}{dt} - \delta\frac{dF'}{dX} = A, \qquad \delta\frac{dX}{dt} + \delta\frac{dF'}{dx} = A^*, \qquad \ldots$$

Les seconds membres sont des fonctions connues; quant aux premiers membres, ce sont des expressions linéaires par rapport aux inconnues et à leurs dérivées. On a par exemple

$$\delta\frac{dF'}{dx} = \frac{d^2 F'}{dx^2}\,\delta x + \frac{d^2 F'}{dx\,dX}\,\delta X + \ldots,$$

où, dans les dérivées secondes de F', les inconnues doivent être

remplacées par leurs valeurs approchées $x = x_0$, $X = X_0$, ...
(en même temps que les E et α par zéro), ainsi qu'on l'a expliqué
au n° 341. D'autre part,

$$\delta \frac{dx}{dt} = \sum n_i \frac{d\,\delta x}{dw_i} + \sum \delta n_i \frac{dx}{dw_i}.$$

Dans le premier terme $\sum n_i \dfrac{d\,\delta x}{dw_i}$, nous pouvons remplacer n_3
et n_4 par leurs valeurs approchées

$$(c_0 - 1 - m)(n_1 - n_2), \quad (g_0 - 1 - m)(n_1 - n_2),$$

déduites de l'analyse des Chapitres XXVII et XXVI. L'erreur
commise ainsi sur n_i est du premier ordre (et même du second),
et, comme δx est du $(k+1)^{\text{ième}}$ ordre, l'erreur sur $n_i \dfrac{d\,\delta x}{dw_i}$ sera
du $(k+2)^{\text{ième}}$ ordre au moins.

Dans le second terme $\sum \delta n_i \dfrac{dx}{dw_i}$, où figurent

$$\delta n_3 = (n_1 - n_2)\,\delta c, \qquad \delta n_4 = (n_1 - n_2)\,\delta g,$$

nous pouvons remplacer x par x_1; l'erreur ainsi commise sera du
second ordre, et, comme δn_i est du $k^{\text{ième}}$ ordre, l'erreur sur le
produit sera du $(k+2)^{\text{ième}}$ ordre.

Si nous faisons passer le terme $\sum \delta n_i \dfrac{dx_1}{dw_i}$ dans le second membre,
les équations (10) deviennent

$$(11) \quad \begin{cases} \sum n_i \dfrac{d\,\delta x}{dw_i} - \delta \dfrac{dF'}{dX} = A - \sum \delta n_i \dfrac{dx_1}{dw_i}, \\[2ex] \sum n_i \dfrac{d\,\delta X}{dw_i} - \delta \dfrac{dF'}{dx} = A^\star - \sum \delta n_i \dfrac{dX_1}{dw_i}. \end{cases}$$

Les premiers membres restent les mêmes à toutes les approximations.

Dans le calcul des termes du premier degré, et en sup-
posant $\alpha = E_3 = 0$ (et aussi $\delta c = \delta g = 0$ et par conséquent $\delta n_i = 0$,
puisque à cette approximation c et g se réduisent à c_0 et g_0), les
seconds membres sont nuls: les équations (11) doivent alors se
réduire à celles que nous avons intégrées aux Chapitres XXVI
et XXVII, Chapitres dans lesquels nous avons précisément déter-

miné ces termes du premier degré; c'est dire que les premiers membres des équations (11) se réduisent à

$$(12) \quad \left\{ \begin{array}{l} \dfrac{\partial\,\delta x}{\partial t} - \delta X - n_2\,\delta y, \\[2ex] \dfrac{\partial\,\delta X}{\partial t} + (m_1 + m_7)\,\delta\dfrac{x}{r^3} - 2\,n_2^2\,\delta x - n_2\,\delta Y, \\[2ex] \dfrac{\partial\,\delta y}{\partial t} - \delta Y + n_2\,\delta x; \\[2ex] \dfrac{\partial\,\delta Y}{\partial t} + (m_1 + m_7)\,\delta\dfrac{y}{r^3} + n_2^2\,\delta y + n_2\,\delta X, \\[2ex] \dfrac{\partial\,\delta z}{\partial t} - \delta Z, \\[2ex] \dfrac{\partial\,\delta Z}{\partial t} + (n_1 - n_2)\,\Theta\,\delta z \end{array} \right.$$

[*cf.* équ. (1), Chap. XXV, n° 323; équ. (1), Chap. XXVI, n° 331; équ. (6), Chap. XXVII, n° 342].

Observons d'ailleurs qu'on aurait

$$\varkappa\,\delta\frac{x}{r^3} = A\,\delta x + B\,\delta y.$$

$$\varkappa\,\delta\frac{y}{r_3} = B\,\delta x + C\,\delta y,$$

A, B, C ayant même signification que dans les équations (6) du Chapitre XXVII; nous écrivons aussi pour abréger

$$\frac{\partial}{\partial t} = \sum n_i \frac{d}{dw_i},$$

les n_i étant remplacés par leurs valeurs approchées

$$n_1, \quad n_2, \quad (c_0 - 1 - m)(n_1 - n_2), \quad (g_0 - 1 - m)(n_1 - n_2).$$

353. Si nous supposons pour un instant que les constantes δc et δg (et par conséquent les δn_i) sont données, les seconds membres sont connus; les premiers membres sont les expressions (12) et nous savons intégrer les équations sans second membre; le problème peut donc être considéré comme résolu par l'application du procédé classique du n° 350. Nous devons toutefois faire les remarques suivantes :

1° Les seconds membres se présentent sous la forme de fonctions périodiques connues des quatre arguments w_i; mais dans les premiers membres figurent non pas les dérivées

$$\frac{d}{dt} = \sum n_i \frac{d}{dw_i},$$

mais les dérivées

$$\frac{\partial}{\partial t} = \sum n_i^0 \frac{d}{dw_i},$$

où les n_i^0 sont les valeurs approchées

$$n_1^0 = n_1, \qquad n_2^0 = n_2,$$
$$n_3^0 = (c_0 - 1 - m)(n_1 - n_2), \qquad n_4^0 = (g_0 - 1 - m)(n_1 - n_2).$$

Cela ne change rien d'ailleurs au principe du calcul; seulement il faut, avant l'intégration, remplacer dans les seconds membres les w_i non pas par $n_i t + \varpi_i$, mais bien par $n_i^0 t + \varpi_i$.

Supposons donc qu'on ait formé les fonctions que nous avons appelées λ_i' au n° 350,

$$\lambda_i' = \alpha_i A + \ldots;$$

ce sont des fonctions périodiques données des w; on doit écrire alors non pas

$$\frac{d\lambda_i}{dt} = \sum n_k \frac{d\lambda_i}{dw_k} = \alpha_i A + \ldots,$$

mais bien

$$\frac{\partial \lambda_i}{\partial t} = \sum n_k^0 \frac{d\lambda_i}{dw_k} = \alpha_i A + \ldots.$$

Si donc

$$(13) \qquad \alpha_i A + \ldots = \sum h e^{\sqrt{-1}\,\Sigma k_\alpha w_\alpha},$$

les k_α étant entiers, on en déduira non pas

$$\lambda_i = \sum \frac{h e^{\sqrt{-1}\,\Sigma k_\alpha w_\alpha}}{\sqrt{-1}\,\sum k_\alpha n_\alpha},$$

mais bien

$$\lambda_i = \sum \frac{h e^{\sqrt{-1}\,\Sigma k_\alpha w_\alpha}}{\sqrt{-1}\,\sum k_\alpha n_\alpha^0}.$$

Cette analyse suppose que le second membre de (13) ne contient pas

de terme constant. On verra plus loin, au n° 356, comment on peut
s'arranger pour qu'il en soit ainsi.

354. On remarquera que les quatre premières équations (11)
forment un système qui ne dépend que de δx, δy, δX, δY, tandis
que les deux dernières forment un système qui ne dépend que
de δz, δZ. Ces deux systèmes peuvent donc être traités séparément.

Nous remarquerons ensuite que nous nous trouvons dans le cas
où le procédé du n° 351 est applicable, puisque nos équations sans
second membre sont les équations aux variations d'équations canoniques.

Considérons donc les quatre solutions particulières (7), (12)
et (12 *bis*) du Chapitre XXVII; soient

$$\delta x = \xi_1, \qquad \delta y = \eta_1; \qquad \delta x = \xi_2, \qquad \delta y = \eta_2$$

les deux solutions (7), ou ces deux mêmes solutions multipliées
par un coefficient que nous pouvons choisir arbitrairement;

$$\delta x = \xi_3, \qquad \delta y = \eta_3; \qquad \delta x = \xi_4, \qquad \delta y = \eta_4$$

les deux solutions (12) et (12 *bis*), ou ces mêmes solutions multipliées par un coefficient que nous pouvons choisir arbitrairement.
Soient

$$\delta X = \xi_i^*, \qquad \delta Y = \eta_i^*$$

les valeurs de δX et δY qui correspondent à $\delta x = \xi_i$, $\delta y = \eta_i$; on
aura la relation bilinéaire

$$(\xi_i \xi_k^* - \xi_i^* \xi_k) + (\eta_i \eta_k^* - \eta_i^* \eta_k) = \text{const.},$$

qui n'est autre chose que la relation (14) du Chapitre précédent.

Nous savons que la constante du second membre est nulle,
sauf dans le cas où $i = 1$, $k = 2$ et dans celui où $i = 3$, $k = 4$.
Nous pourrons choisir les coefficients arbitraires dont nous venons
de parler [et par lesquels les solutions (7), (12) et (12 *bis*) sont
multipliées] de telle façon que dans ces deux cas la constante du
second membre soit égale à 1. C'est ce qui est le plus commode
pour l'exposition; mais dans le calcul on pourra faire un autre
choix; par exemple on pourra avoir avantage pour $i = 3$, $k = 4$ à
supposer la constante égale à $\sqrt{-1}$.

Soient alors

$$L, \quad L^*, \quad M, \quad M^*, \quad N, \quad N^*$$

les seconds membres des six équations (11), de telle façon que

$$L = A - \sum \delta n_i \frac{dx_1}{dw_i}.$$

Appliquons le procédé du n° 351; il viendra

$$\delta x = \sum \lambda_i \xi_i, \qquad \delta X = \sum \lambda_i \xi_i^*,$$

avec les conditions

$$(14) \quad \begin{cases} \dfrac{\partial \lambda_1}{\partial t} = \ \ \xi_2^* L - \xi_2 L^* + \eta_2^* M - \eta_2 M^*, \\[2mm] \dfrac{\partial \lambda_2}{\partial t} = - \xi_1^* L + \xi_1 L^* - \eta_1^* M + \eta_1 M^*, \\[2mm] \dfrac{\partial \lambda_3}{\partial t} = \ \ \xi_4^* L - \xi_4 L^* + \eta_4^* M - \eta_4 M^*, \\[2mm] \dfrac{\partial \lambda_4}{\partial t} = - \xi_3^* L + \xi_3 L^* - \eta_3^* M + \eta_3 M^*. \end{cases}$$

355. Le même procédé s'applique au second système formé des deux dernières équations (11). Soient

$$z = \zeta_5, \qquad z = \zeta_6$$

les deux solutions (2) de l'équation (1) du Chapitre XXVI, multipliées au besoin par un facteur constant arbitrairement choisi. Nos équations sans second membre [formées avec δz comme cette équation (1) avec z] admettront les deux solutions

$$\delta z = \zeta_5, \qquad \delta Z = \zeta_5^*,$$
$$\delta z = \zeta_6, \qquad \delta Z = \zeta_6^*,$$

entre lesquelles nous aurons la relation bilinéaire

$$\zeta_5 \zeta_6^* - \zeta_5^* \zeta_6 = \text{const.}$$

Il ne faut naturellement pas confondre les ζ_i avec $\zeta = e^{\tau}$.

Nous pouvons supposer que la constante du second membre est égale à 1. Nous aurons alors

$$\delta z = \sum \lambda_i \zeta_i$$

avec

$$(15) \quad \begin{cases} \dfrac{\partial \lambda_5}{\partial t} = \zeta_6^* N - \zeta_6 N^*, \\[2ex] \dfrac{\partial \lambda_6}{\partial t} = - \zeta_5^* N + \zeta_5 N^*. \end{cases}$$

356. Il faut, comme nous l'avons vu à la fin du n° 353, que les seconds membres des équations (14) et (15), qui sont des fonctions périodiques des w, ne contiennent pas de terme constant. Examinons-les successivement et considérons d'abord $\dfrac{\partial \lambda_2}{\partial t}$. Je dis que cette expression est une fonction impaire des w et ne contient pas de terme constant. Il est aisé, en effet, de constater que

$$\xi_1^*, \quad \eta_1, \quad L^*, \quad M$$

sont des fonctions paires, tandis que

$$\xi_1, \quad \eta_1^*, \quad L, \quad M^*$$

sont des fonctions impaires, ce qui démontre la proposition énoncée; il ne peut donc pas s'introduire dans λ_2 de terme séculaire.

Passons à λ_1; nous savons que ξ_1 est égal, à un facteur constant près, à $\dfrac{dx_0}{d\tau}$, et que ξ_2 est égal, à un facteur constant près, à

$$- \frac{\tau}{m} \frac{dx_0}{d\tau} + \frac{dx_0}{dm};$$

nous pouvons donc choisir les facteurs constants de telle sorte que l'on ait

$$\xi_2 = t\xi_1 + (\xi_2), \qquad \xi_2^* = t\xi_1^* + (\xi_2^*),$$
$$\eta_2 = t\eta_1 + (\eta_2), \qquad \eta_2^* = t\eta_1^* + (\eta_2^*).$$

$\xi_1, \eta_1, \xi_1^*, \eta_1^*, (\xi_2), (\eta_2), (\xi_2^*), (\eta_2^*)$ étant des fonctions périodiques de τ. Posons alors

$$\lambda_1 = - t\lambda_2 + \mu_1;$$

il viendra

$$\frac{\partial \lambda_1}{\partial t} = - t \frac{\partial \lambda_2}{\partial t} - \lambda_2 + \frac{\partial \mu_1}{\partial t},$$

d'où

$$\frac{\partial \mu_1}{\partial t} = \lambda_2 + (\xi_2^*) L - (\xi_2) L^* + (\eta_2^*) M - (\eta_2) M^*.$$

Le second membre est encore une fonction périodique des w, paire cette fois; mais dans ce second membre figure λ_2 qui n'a été déterminé que par une intégration, c'est-à-dire à une constante près. Nous pouvons disposer de cette constante de telle façon que le terme constant du second membre disparaisse. Dans ces conditions μ_1 ne contiendra pas de terme séculaire.

D'ailleurs les deux premiers termes de δx

$$\lambda_1 \xi_1 + \lambda_2 \xi_2$$

se réduisent à

$$\mu_1 \xi_1 + \lambda_2 (\xi_2),$$

de sorte qu'on a

$$\delta x = \mu_1 \xi_1 + \lambda_2 (\xi_2) + \lambda_3 \xi_3 + \lambda_4 \xi_4.$$

357. Examinons maintenant $\dfrac{\partial \lambda_3}{\partial t}$ et $\dfrac{\partial \lambda_4}{\partial t}$. Je dis que nous pouvons choisir δc de façon à faire disparaître *à la fois* le terme constant dans ces deux expressions. Nous avons

$$L = A - \sum \delta n_i \frac{dx_1}{dw_i}.$$

Comme δn_1 et δn_2 sont nuls et que $\dfrac{dx_1}{dw_4} = 0$, puisque x_1 ne dépend que de $\tau = w_1 - w_2$ et de w_3, le dernier terme du second membre se réduit à

$$- \delta n_3 \frac{dx_1}{dw_3} = - \delta c\,(n_1 - n_2) \frac{dx_1}{dw_3}.$$

D'ailleurs on a

$$x_1 = E_1(\xi_3 + \xi_4).$$

Nous voyons donc que

$$\frac{\partial \lambda_3}{\partial t} = \xi_4 L - \xi_4 L^* + \eta_4 M - \eta_4 M^*$$

peut se diviser en deux parties et qu'on peut écrire

$$\frac{\partial \lambda_3}{\partial t} = \varphi_3 - \psi_3\, \delta c\,(n_1 - n_2),$$

où φ_3 est ce que devient l'expression de $\dfrac{\partial \lambda_3}{\partial t}$ quand on y remplace

$$L, \quad L^*, \quad M, \quad M^*$$

par
$$A, \quad A^{\star}, \quad B, \quad B^{\star},$$

et ψ_3 ce que devient cette expression quand on y remplace ces quantités par

$$\frac{dx_1}{dw_3}, \quad \frac{dX_1}{dw_3}, \quad \frac{dy_1}{dw_3}, \quad \frac{dY_1}{dw_3}.$$

On aura de même

$$\frac{\partial \lambda_4}{\partial t} = \varphi_4 - \psi_4 \, \delta c (n_1 - n_2).$$

φ_4 et ψ_4 étant formés avec $\dfrac{\partial \lambda_4}{\partial t}$ comme φ_3 et ψ_3 avec $\dfrac{\partial \lambda_3}{\partial t}$. Je vais disposer de δc de façon à annuler le terme constant de $\dfrac{\partial \lambda_3}{\partial t}$; je dis que la valeur de δc qui annule ce terme est réelle et qu'elle annule en même temps le terme constant de $\dfrac{\partial \lambda_4}{\partial t}$.

Nous avons supposé

$$\xi_3 + i\eta_3 = h \sum b_k \zeta^{c+2k+1},$$

$$\xi_3 - i\eta_3 = h \sum c_k \zeta^{c+2k+1},$$

$$\xi_4 - i\eta_4 = h \sum b_k \zeta^{-c-2k-1},$$

$$\xi_4 + i\eta_4 = h \sum c_k \zeta^{-c-2k-1};$$

les coefficients b_k et c_k sont réels, et h est un coefficient constant dont nous avons disposé de façon à réduire une certaine constante à 1.

En effet, quand je change les w en $-w$, x qui est une fonction paire des w ne change pas; au contraire, $\dfrac{dx}{dt}$, $\dfrac{dx}{dw}$, X, y, $\ldots$ changent de signe.

$$A, \quad \frac{dx_1}{dw_3}, \quad B^{\star}, \quad \frac{dY_1}{dw_3}$$

changent de signe;

$$A^{\star}, \quad \frac{dX_1}{dw_3}, \quad B, \quad \frac{dy_1}{dw_3}$$

ne changent pas.

$\dfrac{\xi_3}{h}$ et $\dfrac{\eta_3^\star}{h}$ se changent en $\dfrac{\xi_4}{h}$ et $\dfrac{\eta_4^\star}{h}$, tandis que $\dfrac{\eta_3}{h}$ et $\dfrac{\xi_3^\star}{h}$ se changent

en $-\dfrac{\eta_4}{h}$ et $-\dfrac{\xi_4^\star}{h}$. Donc $\dfrac{\varphi_3}{h}$ se change en $-\dfrac{\varphi_4}{h}$, $\dfrac{\psi_3}{h}$ en $-\dfrac{\psi_4}{h}$, $\dfrac{\varphi_4}{h}$

en $-\dfrac{\varphi_3}{h}$, $\dfrac{\psi_4}{h}$ en $-\dfrac{\psi_3}{h}$. Donc le terme constant de $\dfrac{\varphi_3}{h}$, par exemple,

est égal à celui de $-\dfrac{\varphi_4}{h}$.

Si maintenant nous changeons i en $-i$, $\dfrac{\xi_3}{h}$, $\dfrac{\eta_3}{h}$, $\dfrac{\xi_3^\star}{h}$, $\dfrac{\eta_3^\star}{h}$ se per-

mutent avec $\dfrac{\xi_4}{h}$, $\dfrac{\eta_4}{h}$, $\dfrac{\xi_4^\star}{h}$, $\dfrac{\eta_4^\star}{h}$; les quantités A, A*, $\dfrac{dx_1}{dw_3}$, $\ldots$, qui sont

réelles, ne changent pas.

Donc $\dfrac{\varphi_3}{h}$, $\dfrac{\psi_3}{h}$, $\dfrac{\varphi_4}{h}$, $\dfrac{\psi_4}{h}$ se changent encore en $-\dfrac{\varphi_4}{h}$, $-\dfrac{\psi_4}{h}$, $-\dfrac{\varphi_3}{h}$,

$-\dfrac{\psi_3}{h}$. Donc le terme constant de $\dfrac{\varphi_3}{h}$ est imaginaire conjugué de

celui de $-\dfrac{\varphi_4}{h}$.

Si le terme constant de $\dfrac{\varphi_3}{h}$ est d'une part égal à celui de $-\dfrac{\varphi_4}{h}$,

d'autre part imaginaire conjugué de celui de $-\dfrac{\varphi_4}{h}$, c'est que ces

deux termes sont égaux et réels. Et il en est de même en ce qui

concerne ψ_3 et ψ_4.

Soient donc

$$\alpha, \quad \beta, \quad -\alpha, \quad -\beta$$

les termes constants de

$$\dfrac{\varphi_3}{h}, \quad \dfrac{\psi_3}{h}, \quad \dfrac{\varphi_4}{h}, \quad \dfrac{\psi_4}{h};$$

ils seront réels, et il suffira de prendre

$$\delta c = \dfrac{\alpha}{\beta(n_1 - n_2)}$$

pour annuler à la fois le terme constant de $\dfrac{\partial \lambda_3}{\partial t}$ et celui de $\dfrac{\partial \lambda_4}{\partial t}$. Nous

n'aurons donc de terme séculaire ni dans λ_3 ni dans λ_4.

C. Q. F. D.

On démontrerait de la même manière qu'on peut choisir δg de

façon qu'il n'y ait de terme séculaire ni dans λ_5 ni dans λ_6. En effet, le second membre de la cinquième équation (11) s'écrit

$$N = C - \sum \delta n_i \frac{dz_1}{dw_i};$$

on a ici

$$\sum \delta n_i \frac{dz_1}{dw_i} = \delta n_4 \frac{dz_1}{dw_4} = \delta g\,(n_1 - n_2)\frac{dz_1}{dw_4}.$$

Le reste du raisonnement s'achève comme pour λ_3 et λ_4, δg jouant le rôle de δc, N et $N^\star$ celui de L et $L^\star$, ζ_5 et ζ_6 celui de ξ_3 et ξ_4, etc.

358. L'intégration, comme nous l'avons vu à la fin du n° 353, introduit le petit diviseur

$$\sum k_\alpha n^0_\alpha,$$

où les k_α sont des entiers; comme

$$n^0_3 = c_0(n_1 - n_2)$$

et

$$n^0_4 = g_0(n_1 - n_2)$$

sont développables suivant les puissances de m^2, ce petit diviseur sera lui-même développable suivant les puissances de m^2.

Les premiers termes du développement sont

$$n_2 = n^0_2 = m(n_1 - n_2), \qquad n_1 = n^0_1 = (1 + m)(n_1 - n_2),$$

$$n^0_3 = (n_1 - n_2)\left(\frac{3}{4}m^2 + \ldots\right),$$

$$n^0_4 = (n_1 - n_2)\left(-\frac{3}{4}m^2 + \ldots\right),$$

puisque

$$c = 1 + m + \frac{3}{4}m^2 + \ldots, \qquad g = 1 + m - \frac{3}{4}m^2 + \ldots,$$

d'où

$$\frac{1}{n_1 - n_2}\sum k_\alpha n^0_\alpha = k_1 + (k_1 + k_2)m + \frac{3}{4}(k_3 - k_4)m^2 + \ldots.$$

Il sera donc divisible par m si $k_1 = 0$; il sera divisible par m^2 si $k_1 = k_2 = 0$, c'est-à-dire si le terme correspondant ne dépend que des longitudes du périgée et du nœud; dans ces deux cas il sera ce que j'appellerai un *petit diviseur analytique*. Enfin il sera divisible par m^3 si $k_1 = k_2 = 0$, $k_3 = k_4$, c'est-à-dire s'il dépend seulement de la *somme* des longitudes du périgée et du nœud. Ce sera alors un *très petit diviseur analytique*.

Mais il arrive ici que les termes en m^3 ont de très grands coefficients, de sorte que $c_0 - 1 - m$, au lieu d'être à peu près égal en valeur absolue à $\frac{3}{4} m^2$, et par conséquent à $g_0 - 1 - m$, est à peu près deux fois plus grand. Il en résulte que les très petits diviseurs analytiques, quoique divisibles par m^3, sont *numériquement* de l'ordre de m^2. Si, au contraire, on a $k_1 = k_2 = 0$, $2 k_3 = k_4$, le diviseur, quoique non divisible par m^3, sera numériquement de l'ordre de m^3. Ce sera un *très petit diviseur numérique* (inégalité de Laplace, *cf.* TISSERAND, t. III, p. 158).

Dans le calcul numérique des coefficients, ce sont les très petits diviseurs numériques qui importent. Au contraire, si l'on se propose, comme le faisait Delaunay, de développer ces coefficients suivant les puissances de m, il faut s'inquiéter des très petits diviseurs analytiques.

Les très petits diviseurs analytiques se présentent pour la première fois dans les termes en $E_1 E_2^2 E_3^4$ ou en $E_1^2 E_2 E_3^4$, et les très petits diviseurs numériques dans les termes en $E_2^2 E_3^3 \alpha$, $E_1 E_2^4 E_3^6$, $E_1 E_2 E_3^3 \alpha$ ou $E_1^2 E_2^3 E_3^6$.

359. Tel est le principe de la méthode de Brown.

Je n'insisterai pas sur les perfectionnements de détail qu'il y a apportés et dont les principaux sont les suivants :

1° Au lieu de quatre équations linéaires du premier ordre à second membre, il emploie deux équations linéaires du deuxième ordre à second membre (obtenues par l'élimination de X et Y); il en résulte que les expressions des $\frac{d\lambda_i}{dt}$ sont un peu modifiées et se présentent sous la forme d'une somme de deux termes seulement et non de quatre.

2° Au lieu de δx et δy, il prend comme inconnues les quantités imaginaires

$$\delta u = \delta x + i\,\delta y, \qquad \delta s = \delta x - i\,\delta y.$$

3° Au lieu d'employer des lignes trigonométriques des multiples des w, il simplifie les notations en introduisant la variable

$$\zeta = e^{i\tau}.$$

4° Pour les approximations d'ordre élevé, il a recours à l'artifice par lequel Hill était passé des équations (2) aux équations (5) du Chapitre XXV. Les calculs de substitution s'en trouvent un peu simplifiés.

Je me bornerai à dire que la méthode est applicable aussi bien au calcul des termes du premier ordre en α et E_3 qu'à celui des termes d'ordre supérieur.

Pour plus de détails, je renverrai à son Ouvrage original (*Memoirs of the Royal Astronomical Society*, t. LIII, LIV et LVII).

On pourrait se demander si, à cause des petits diviseurs divisibles par m^2 ou m^3, on n'arrivera pas dans la suite des calculs à des termes contenant en facteur une puissance *négative* de m. On peut démontrer que cela ne peut arriver que quand interviendront les *très petits diviseurs analytiques*. Il en résulte, d'après le numéro précédent, que cela ne peut arriver que pour des termes d'ordre très élevé; cela ne peut arriver si l'on suppose $E_2 = 0$, ou bien $E_3 = 0$, puisque dans ce cas il ne peut y avoir de très petits diviseurs analytiques, mais tout au plus de petits diviseurs analytiques divisibles seulement par m^2. Pour la démonstration, je renverrai au *Bulletin astronomique*, t. XXV, p. 321.

CHAPITRE XXIX.

SECONDE MÉTHODE.

360. La seconde méthode que nous allons exposer présente surtout des avantages quand on veut obtenir non seulement la valeur numérique des coefficients, mais leur développement analytique en fontion de m, comme le faisait Delaunay.

Nous aurons avantage à employer, au lieu des arguments w_i, les suivants :

$$\tau = w_1 - w_2, \qquad \tau_1 = w_1 + w_3, \qquad \tau_2 = w_1 + w_1, \qquad \tau_3 = w_2.$$

De cette façon, dans le coefficient d'un terme dépendant du sinus ou du cosinus de

$$p\tau + p_1\tau_1 + p_2\tau_2 + p_3\tau_3,$$

l'exposant de E_i sera au moins égal à $|p_i|$.

Nous partirons de la formule (25) du n° 320 :

$$\sum x\,dX - d\Omega'' = \sum A_i'\,dw_i - \frac{\Phi_1'\,dw_2}{n_2}.$$

Cette formule peut recevoir utilement diverses modifications : d'abord nous pouvons passer des variables w aux variables τ; nous pouvons ensuite remarquer que Φ_1' se réduit à une constante (intégrale de Jacobi) lorsque $E_3 = 0$. Cela nous permet d'écrire

$$\frac{\Phi_1'}{n_2} = K - E_3\Phi,$$

K étant une constante et $E_3\Phi$ étant divisible par E_3. On a en effet

$$\frac{\Phi_1'}{n_2} = \psi + E_3\theta,$$

ψ et θ étant des fonctions de x, y, z, X, Y, Z, de $\tau_3 = w_3$ et des constantes E_3 et α. D'ailleurs ψ est indépendant de E_3 et τ_3. Soit ensuite x^* ce que devient le développement de x quand on y fait $E_3 = 0$.

Soit ψ^* ce que devient ψ quand on y remplace $x, \ldots$ par $x^*, \ldots$; alors ψ^* sera une constante, $\psi - \psi^*$ sera divisible par E_3, et nous pourrons poser

$$\psi^* = K, \qquad \psi - \psi^* + E_3\theta = E_3\Phi.$$

On a donc

$$\sum A_i' \, dw_i - \frac{\Phi_1' \, dw_2}{n_2} = B \, d\tau + B_1 \, d\tau_1 + B_2 \, d\tau_2 + B_3 \, d\tau_3 - E_3 \Phi \, d\tau_3,$$

d'où

$$\sum x \, dX - d\Omega'' = \sum B \, d\tau - E_3 \Phi \, d\tau_3.$$

Les B sont des constantes, de même que les A_i' et K; je veux dire par là qu'ils dépendent seulement de

$$E_1, \quad E_2, \quad E_3, \quad \alpha, \quad m$$

et sont indépendants des τ.

Posons

$$S = \Omega'' - x_0 X - y_0 Y - z_1 Z,$$

x_0 et y_0 étant les termes de degré zéro calculés au Chapitre XXV; z_1 représente l'ensemble des termes déterminés au Chapitre XXVI (comme z ne contient pas de terme de degré zéro, on aura $z_0 = 0$); il viendra

$$(1) \qquad \left\{ \begin{aligned} dS &= \sum (x - x_0) \, dX - \sum X \, dx_0 \\ &\quad + (z - z_1) \, dZ - Z \, dz_1 - \sum B \, d\tau + E_3 \Phi \, d\tau_3. \end{aligned} \right.$$

Dans cette formule (1), on doit regarder E_1, E_2, m et les τ comme des variables; au contraire, E_3 et α sont des constantes données, de sorte qu'on aura

$$dE_3 = d\alpha = 0.$$

J'ajoute que dans cette formule $\sum (x - x_0) \, dX$ et $\sum X \, dx_0$ représentent simplement

$$(x - x_0)\, dX + (y - y_0)\, dY, \quad X\, dx_0 + Y\, dy_0.$$

361. Cela posé, supposons qu'on ait déterminé les termes d'ordre k et d'ordre inférieur de x et de y, de X et Y, de S et B, les termes d'ordre $k - 1$ de z et Z, et qu'on ait par conséquent

$$(2) \qquad x = x_k, \quad y = y_k, \quad z = z_{k-1}, \quad S = S_k, \quad \ldots$$

Je pose

$$(3) \qquad x = x_k + \delta x, \quad y = y_k + \delta y, \quad \ldots,$$

et je me propose de calculer δx, δy, δS jusqu'aux termes du $(k+1)^{\text{ième}}$ ordre inclusivement, δz jusqu'aux termes du $k^{\text{ième}}$ ordre.

Substituons d'abord dans (1) à la place de toutes nos variables leurs valeurs approchées (2), la différence des deux membres sera du $(k+1)^{\text{ième}}$ ordre; nous pourrons la mettre sous la forme

$$\sum u\, dv,$$

u et v étant des fonctions connues.

Substituons maintenant à la place de ces variables leurs valeurs approchées (3) en négligeant les puissances supérieures de δx, ..., ce qui est permis puisque nous négligeons les termes d'ordre $k + 2$; il viendra

$$(4) \quad \left\{ \begin{aligned} d\,\delta S &= \sum \delta x\, dX + \sum (x - x_0)\, d\,\delta X - \sum \delta X\, dx_0 + \delta z\, dZ \\[2mm] &\quad + (z - z_1)\, d\,\delta Z - \delta Z\, dz_1 - \sum \delta B\, dz + E_3\, \delta \Phi\, dz_3 + \sum u\, dv. \end{aligned} \right.$$

Le second membre est susceptible des simplifications suivantes : considérons-en d'abord la première ligne; comme δx et δX sont d'ordre $k + 1$, nous pouvons remplacer x et X par x_0 et X_0. De même dans la deuxième ligne, comme δz et δZ sont d'ordre k, nous pouvons négliger dans leur coefficient z_2 qui est de deuxième ordre et remplacer z et Z par z_1 et Z_1.

Enfin $\delta \Phi$ est d'ordre $k + 1$, car

$$\delta \Phi = \sum \frac{d\Phi}{dx}\, \delta x - \sum \frac{d\Phi}{dX}\, \delta X + \frac{d\Phi}{dz}\, \delta z + \frac{d\Phi}{dZ}\, \delta Z.$$

P. — II (2).

7

Or δx et δX sont d'ordre $k+1$, δz et δZ sont d'ordre k, mais $\dfrac{d\Phi}{dz}$ et $\dfrac{d\Phi}{dZ}$ sont divisibles par E_2 et par conséquent du premier ordre. Comme d'ailleurs E_3 est du premier ordre, nous pourrons négliger $E_3\,\delta\Phi$ et il restera

$$(5) \qquad \begin{cases} d\,\delta S = \sum \delta x\,dX_0 - \sum \delta X\,dx_0 \\[2mm] \quad + \delta z\,dZ_1 - \delta Z\,dz_1 - \sum \delta B\,d\tau + \sum u\,dv. \end{cases}$$

362. Prenons maintenant la formule (26) du n° 320,

$$\frac{d\Omega''}{dt} = \Phi_1' + \sum x\frac{dX}{dt} - H,$$

où $\Phi_1' = F' - n_2 v'$ et où H est une constante choisie de telle façon que Ω'' soit périodique. Nous déduirons

$$(6) \qquad \begin{cases} \dfrac{dS}{dt} = \Phi_1' + \sum (x - x_0)\dfrac{dX}{dt} \\[3mm] \quad + (z - z_1)\dfrac{dZ}{dt} - \sum X\dfrac{dx_0}{dt} - Z\dfrac{dz_1}{dt} - H. \end{cases}$$

Substituons dans (6) les valeurs approchées (2) à la place des variables et soit G la différence des deux membres; G sera une fonction connue du $(k+1)^{\text{ième}}$ ordre. Substituons maintenant les valeurs approchées (3) et négligeons tout ce qui est du $(k+2)^{\text{ième}}$ ordre; il viendra

$$\delta\frac{dS}{dt} = \delta\Phi_1' + \sum \delta x\frac{dX}{dt} + \sum (x - x_0)\delta\frac{dX}{dt} - \sum \delta X\frac{dx_0}{dt}$$
$$\quad + G + \delta z\frac{dZ}{dt} + (z - z_1)\delta\frac{dZ}{dt} - \delta Z\frac{dz_1}{dt} - \delta H.$$

D'autre part,

$$\delta\Phi_1' = \sum \frac{d\Phi_1'}{dx}\delta x + \sum \frac{d\Phi_1'}{dX}\delta X + \frac{d\Phi_1'}{dz}\delta z + \frac{d\Phi_1'}{dZ}\delta Z.$$

Mais, en vertu des équations du mouvement, on a

$$\frac{dx}{dt} = \frac{dF'}{dX} = \frac{d\Phi_1'}{dX}, \quad \ldots,$$

d'où

$$\delta\Phi_1' = -\sum \frac{dX}{dt}\delta x + \sum \frac{dx}{dt}\delta X - \frac{dZ}{dt}\delta z + \frac{dz}{dt}\delta Z,$$

et par conséquent

$$\delta \frac{dS}{dt} = G - \delta H + \sum (x - x_0) \delta \frac{dX}{dt} + \sum \left(\frac{dx}{dt} - \frac{dx_0}{dt} \right) \delta X$$
$$+ \quad (z - z_1) \delta \frac{dZ}{dt} + \quad \left(\frac{dz}{dt} - \frac{dz_1}{dt} \right) \delta Z.$$

Dans la première ligne on peut remplacer x par x_0 et, dans la seconde, z par z_1, pour les mêmes raisons qu'au numéro précédent, ce qui nous permet d'écrire

$$(7) \qquad\qquad \delta \frac{dS}{dt} = G - \delta H.$$

Qu'est-ce maintenant que $\delta \dfrac{dS}{dt}$? On a

$$\frac{dS}{dt} = \sum n_i \frac{dS}{dw_i},$$

d'où

$$\delta \frac{dS}{dt} = \sum n_i \frac{d \delta S}{dw_i} + \sum \delta n_i \frac{dS}{dw_i}.$$

Dans le premier terme du second membre nous pouvons remplacer n_i par n_i^0, de sorte qu'il se réduira (en reprenant les notations du Chapitre précédent) à

$$\sum n_i^0 \frac{d \delta S}{dw_i} = \frac{\partial \delta S}{\partial t}.$$

Dans le second terme figurent deux constantes indéterminées,

$$\delta n_3 = \delta c (n_1 - n_2), \qquad \delta n_4 = \delta g (n_1 - n_2);$$

la première est d'ordre k, car nous supposerons que c a été déterminé jusqu'aux termes d'ordre $k - 1$ inclusivement; la seconde sera d'ordre $k - 1$, car nous supposerons que g a été déterminé jusqu'aux termes d'ordre $k - 2$. Posons

$$S = S_0 + S_1 + S_2 + \dots,$$

S_0, S_1, S_2, ... représentant respectivement les termes d'ordre 0, 1, 2, ... Nous pourrons alors, dans le coefficient de δn_3, remplacer S par $S_0 + S_1$ ou par S_1, puisque S_0 ne dépend pas de w_3, et, dans le coefficient de δn_4, remplacer S par $S_0 + S_1 + S_2$ ou par S_2, puisque S_0 et S_1 ne dépendent pas de w_4. Il vient donc

$$(8) \qquad \frac{\partial\, \delta S}{\partial t} = G - \delta H - \delta n_3 \frac{dS_1}{dw_3} - \delta n_4 \frac{dS_2}{dw_4}.$$

363. Reportons-nous aux notations du n° 318; nous avons trouvé dans ce numéro les formules suivantes :

$$\Phi_1 = H - \sum W n, \qquad W_i = A_i = A'_i \qquad (i = 1, 3, 4).$$
$$n_2 W_2 + \Phi_1 = n_2 A_2 + K = n_2 A'_2,$$
$$dH = \sum W\, dn, \qquad d\Phi_1 = -\sum n\, dW,$$

la lettre K ayant le même sens qu'au n° 318, et nous en tirerons (en nous rappelant que $dn_2 = 0$)

$$H = \sum n_i A'_i, \qquad dH = \sum A'_i\, dn_i, \qquad \sum n_i\, dA'_i = 0.$$

Mais il vaudra mieux revenir aux arguments τ que nous avons introduits au début de ce Chapitre ; soit donc

$$d\tau = v\, dt, \qquad d\tau_i = v_i\, d\tau,$$

de telle sorte que

$$v = n_1 - n_2, \qquad v_1 = n_1 + n_3 = vc, \qquad v_2 = n_1 + n_4 = vg, \qquad v_3 = n_2.$$

Nous aurons

$$K v_3 + \sum B v = \sum A' n, \qquad K\, dv_3 + \sum B\, dv = \sum A'\, dn,$$

la lettre K ayant le même sens qu'au numéro précédent, et par conséquent

$$(9) \quad H = \sum B v + K v_3, \qquad dH = \sum B\, dv, \qquad \sum v\, dB + v_3\, dK = 0.$$

Toutes ces quantités H, B, v ... dépendent des constantes m, E et α, et ne dépendent pas des arguments τ. Supposons que dans les équations (9) on substitue d'abord les premières valeurs approchées (2) de nos inconnues, et soient

$$(10) \qquad P, \qquad \sum Q\, dq, \qquad dP - \sum Q\, dq$$

les différences des deux membres; P, Q, q seront des fonctions connues et les expressions (10) seront d'ailleurs du $(k+1)^{\text{ième}}$ ordre.

Cela posé, substituons dans les équations (9) les valeurs plus approchées (3) et négligeons les termes d'ordre $k+2$; il viendra

$$(11) \quad \begin{cases} \partial H = \sum B \, \partial v + \sum v \, \partial B + P + v_3 \, \partial K, \\ d \, \partial H = \sum B \, d \, \partial v + \sum \partial B \, dv + \sum Q \, dq. \end{cases}$$

Remarquons que ∂H, $d\partial H$ et ∂B sont d'ordre $k+1$; que $\partial v = \partial v_3 = 0$; que ∂v_1 est d'ordre k et ∂v_2 d'ordre $k-1$; que $d \, \partial v_i$ est du même ordre que ∂v_i; que B_1 est divisible par E_1^2 et B_2 par E_2^2 et sont par conséquent du second ordre, ce qui permet de négliger, par exemple, $B_1 \, \partial v_1$; alors nous écrirons

$$(12) \quad \begin{cases} \partial H = B_2 \, \partial v_2 + \sum v \, \partial B + P + v_3 \, \partial K, \\ d \, \partial H = B_2 \, d \, \partial v_2 + \sum \partial B \, dv + \sum Q \, dq. \end{cases}$$

364. Tous les termes de nos développements contiennent en facteur un certain monôme

$$\mu = x^{q_0} E_1^{q_1} E_2^{q_2} E_3^{q_3},$$

que Brown appelle leur *caractéristique;* la somme des exposants

$$q_0 + q_1 + q_2 + q_3$$

est le *degré* du terme. Dans les calculs précédents, nous pouvons supposer que ∂S, par exemple, ou ∂x, au lieu de représenter *tous* les termes de degré $k+1$, par exemple, représente seulement l'ensemble de tous les termes ayant une caractéristique donnée μ. Mais, comme le degré d'approximation n'est pas le même, par exemple, pour ∂z et ∂x, il est nécessaire que je précise. Je conviendrai donc que

$$\partial x, \quad \partial y, \quad \partial X, \quad \partial Y, \quad \partial S, \quad \partial B, \quad \partial K, \quad \partial H$$

représentent l'ensemble des termes de caractéristique μ; que ∂z, ∂Z représentent l'ensemble des termes de caractéristique $\dfrac{\mu}{E_2}$; que

δc comprend les termes de caractéristique $\dfrac{\mu}{E_1}$ et δg ceux de caractéristique $\dfrac{\mu}{E_2^2}$.

En ce qui concerne les valeurs approchées (2), je supposerai que

$$x_k, \quad y_k, \quad S_k, \quad \ldots$$

comprennent tous les termes dont la caractéristique est un diviseur de μ (μ lui-même étant exclu) et que de même

$$z_{k-1}, \quad c_{k-1}, \quad g_{k-2}$$

comprennent les termes ayant respectivement pour caractéristique un diviseur de

$$\frac{\mu}{E_2}, \quad \frac{\mu}{E_1}, \quad \frac{\mu}{E_2^2}.$$

365. Cela posé, nous devons distinguer trois cas :

1° μ n'est pas divisible ni par E_1 ni par E_2.

Dans ce cas ni τ_1, ni τ_2 (ou ce qui revient au même ni w_3 ni w_4) ne figurent dans nos développements. La formule (8) se réduit donc à

$$\frac{\partial\,\delta S}{\partial t} = G - \delta H \;;$$

G est connu ; on disposera de δH de telle façon que le terme constant du second membre soit nul, et l'on aura δS par une simple quadrature. La fonction δS est ainsi déterminée à une constante près, mais cette constante doit être nulle puisque δS doit être une fonction impaire.

Passons maintenant à la formule (5), et remarquons que z, Z_1, … sont nuls, et de plus que nous n'avons que trois variables par rapport auxquelles nous puissions différentier et qui sont m, τ et τ_3 ; il vient donc

$$(13) \quad \begin{cases} \dfrac{d\,\delta S}{dm} = \sum \delta x\,\dfrac{dX_0}{dm} - \sum \delta X\,\dfrac{dx_0}{dm} + \sum u\,\dfrac{dv}{dm}, \\[2ex] \dfrac{d\,\delta S}{d\tau} = \sum \delta x\,\dfrac{dX_0}{d\tau} - \sum \delta X\,\dfrac{dx_0}{d\tau} - \delta B + \sum u\,\dfrac{dv}{d\tau}, \end{cases}$$

et, puisque x_0 et X_0 ne dépendent pas de τ_2,

$$(14 \qquad \frac{d\,\delta S}{d\tau_3} = -\,\delta B_3 + \sum u\,\frac{dv}{d\tau_3}.$$

De l'équation (14) on déduit

$$\delta B_3 = \sum \left[u \frac{dv}{d\tau_3} \right],$$

en désignant par $\left[u \dfrac{dv}{d\tau_3} \right]$ le terme constant de $u \dfrac{dv}{d\tau_3}$; et cela détermine δB_3.

On remarquera d'autre part que dans la seconde équation (12) on a $B_2 = 0$, puisque B_2 doit être divisible par E_2^2 et que, μ n'étant pas divisible par E_2, nous négligeons E_2; il reste donc

$$d \, \delta H = \sum \delta B \, dv + \sum Q \, dq,$$

ou, puisque $dv_3 = 0$, que dv_1 et dv_2 n'interviennent pas,

$$\frac{d \, \delta H}{dm} = \delta B \frac{dv}{dm} + \sum Q \frac{dq}{dm},$$

ce qui détermine δB, puisque δH, Q et q sont connus et que

$$v = \frac{n_2}{m}.$$

Nous avons enfin

$$\delta X = \delta \frac{dx}{dt} - n_2 \, \delta y, \qquad \delta Y = \delta \frac{dy}{dt} + n_2 \, \delta x.$$

Comme ici nos développements ne contiennent ni w_3 ni w_4, et que l'on a d'ailleurs

$$n_1 = n_1^0, \qquad n_2 = n_2^0, \qquad \delta n_1 = \delta n_2 = 0,$$

nous pourrions écrire

$$\delta \frac{dx}{dt} = \frac{\partial \, \delta x}{\partial t}, \qquad \delta \frac{dy}{dt} = \frac{\partial \, \delta y}{\partial t};$$

mais, comme nous retrouverons les mêmes équations un peu plus loin, j'aime mieux traiter tout de suite la question d'une façon un peu plus générale. Reprenons donc l'équation

$$\frac{dx}{dt} - X - n_2 y = 0,$$

et soit A ce que devient le premier membre quand on y substitue les valeurs approchées (2). Nous aurons, en prenant les valeurs plus approchées (3),

$$\delta\frac{dx}{dt} - \delta X - n_2\,\delta y = A.$$

D'ailleurs

$$\frac{dx}{dt} = \sum n_i \frac{dx}{dw_i}, \qquad \delta\frac{dx}{dt} = \sum n_i \frac{d\,\delta x}{dw_i} + \sum \delta n_i \frac{dx}{dw_i}.$$

Nous pouvons remplacer dans le premier terme n_i par n_i^0 puisque δx est d'ordre $k+1$, de sorte que ce terme se réduit à $\dfrac{\partial\,\delta x}{\partial t}$; dans le second on a

$$\sum \delta n_i \frac{dx}{dw_i} = \nu\,\delta c\,\frac{dx}{d\tau_1} + \nu\,\delta g\,\frac{dx}{d\tau_2}.$$

Or, δc et δg étant respectivement d'ordre k et $k-1$, nous pouvons, dans le coefficient de δc, remplacer x par x_1 et, dans celui de δg, remplacer x par x_2 (où x_0, x_1, x_2 représentent les trois premières approximations de x). Nous pourrons donc écrire les équations suivantes :

$$(15)\quad\left\{\begin{aligned}
&\frac{\partial\,\delta x}{\partial t} - \delta X - n_2\,\delta y = A - \nu\,\delta c\,\frac{dx_1}{d\tau_1} - \nu\,dg\,\frac{dx_2}{d\tau_2},\\[1em]
&\frac{\partial\,\delta y}{\partial t} - \delta Y + n_2\,\delta x = A' - \nu\,\delta c\,\frac{dy_1}{d\tau_1} - \nu\,\delta g\,\frac{dy_2}{d\tau_2},\\[1em]
&\sum \delta x\,\frac{dX_0}{dm} - \sum \delta X\,\frac{dx_0}{dm} = \frac{d\,\delta S}{dm} - \delta z\,\frac{dZ_1}{dm} + \delta Z\,\frac{dz_1}{dm} - \sum u\,\frac{dv}{dm},\\[1em]
&\sum \delta x\,\frac{dX_0}{d\tau} - \sum \delta X\,\frac{dx_0}{d\tau} = \frac{d\,\delta S}{d\tau} - \delta z\,\frac{dZ_1}{d\tau} + \delta Z\,\frac{dz_1}{d\tau} - \sum u\,\frac{dv}{d\tau} + \delta B.
\end{aligned}\right.$$

Les termes en δz et δZ sont nuls dans le cas qui nous occupe, de même que A, A' et les termes en δc, δg; mais je préfère compléter tout de suite les équations (15), afin de pouvoir encore m'en servir dans les deux numéros suivants.

δS et δB sont connus; les arguments τ_1 et τ_2 n'intervenant pas, nous devons regarder δc et δg comme nuls; les seconds membres sont donc connus; nous avons donc à intégrer un système d'équations linéaires à second membre. Les équations linéaires sans second membre ne sont autre chose que celles que nous avons intégrées au n° 347; seulement notre système d'équations différentielles est du deuxième ordre au lieu du quatrième.

Nous n'aurons donc qu'à appliquer les méthodes des n°s 349 et suivants ; il n'y aurait de difficulté que si le déterminant

$$\frac{dx_0}{dm}\frac{dy_0}{d\tau} - \frac{dx_0}{d\tau}\frac{dy_0}{dm}$$

pouvait s'annuler, ce qui n'a pas lieu.

Il ne s'introduira pas de terme séculaire ; cela ne serait possible que si l'argument de l'un des termes du second membre était le même que celui d'un des termes de ce que nous appelions dans le Chapitre précédent ξ_3 ou ξ_4, c'est-à-dire

$$\tau_1 + (2k+1)\tau.$$

Or cela est impossible, puisque nos seconds membres sont indépendants de τ_1 et τ_2.

366. Passons maintenant au second cas :

2° μ est divisible par E_2, mais pas par E_1.

Alors nos fonctions dépendront de w_4 (c'est-à-dire de τ_2), mais pas de w_3 (c'est-à-dire de τ_1), et l'équation (8) s'écrira

(8 bis)
$$\frac{\partial \,\delta S}{\partial t} = G - \delta H - \delta n_4 \frac{dS_2}{dw_4}.$$

Comme le second membre ne doit pas avoir de terme constant, et que $\dfrac{dS_2}{dw_4}$ n'en a pas, δH ne sera autre chose que le terme constant de G ; δH étant ainsi connu, les équations (12) donnent

$$\frac{d\,\delta H}{dE_2} = B_2 \frac{d\,\delta\nu_2}{dE_2} + \sum \delta B \frac{d\nu}{dE_2} + \sum Q \frac{dq}{dE_2}.$$

Or ν ne dépend que de m, ν_1 n'intervient pas et ν_3 est constant ; on a donc

$$\delta B_1 = 0, \qquad \frac{d\nu}{dE_2} = \frac{d\nu_3}{dE_2} = 0;$$

$$\sum \delta B \frac{d\nu}{dE_2} = \delta B_2 \frac{d\nu_2}{dE_2},$$

d'où

$$\frac{d\,\delta H}{dE_2} = B_2 \frac{d\,\delta\nu_2}{dE_2} + \delta B_2 \frac{d\nu_2}{dE_2} + \sum Q \frac{dq}{dE_2}.$$

Nous prendrons δB_2 arbitrairement (en le prenant toutefois nul si les exposants q de la caractéristique ne sont pas tous pairs). Tout sera connu, sauf $\dfrac{d\,\delta v_2}{dE_2}$; nous en tirerons donc cette quantité et par conséquent

$$\delta v_2 = \frac{E_2}{q_2 - 2}\,\frac{d\,\delta v_2}{dE_2},$$

puisque δv_2 est homogène d'ordre $q_2 - 2$ en E_2.

Connaissant $\delta v_2 = \delta n_4$, nous connaîtrons le second membre de l'équation (8 *bis*) et par conséquent δS à une constante près qui est nulle, puisque δS est une fonction impaire.

Cela posé, venons aux équations (5); elles nous donnent

$$(16)\qquad
\begin{cases}
\dfrac{d\,\delta S}{dE_2} = \delta z\,\dfrac{dZ_1}{dE_2} - \delta Z\,\dfrac{dz_1}{dE_2} \qquad\quad + \sum u\,\dfrac{dv}{dE_2},\\[2mm]
\dfrac{d\,\delta S}{d\tau_2} = \delta z\,\dfrac{dZ_1}{d\tau_2} - \delta Z\,\dfrac{dz_2}{d\tau_2} - \delta B_2 + \sum u\,\dfrac{dv}{d\tau_2};
\end{cases}$$

u, v, z_1, Z_1 sont des fonctions connues, δB_2 a été choisi arbitrairement, on vient de déterminer δS; nous pourrons donc déterminer *sans intégration* les deux inconnues restantes δz et δZ à l'aide des équations du premier degré (16). Le déterminant de ces équations,

$$\frac{dZ_1}{dE_2}\,\frac{dz_1}{d\tau_2} - \frac{dz_1}{dE_2}\,\frac{dZ_1}{d\tau_2},$$

ne peut s'annuler, car il se réduit à une constante; on n'aura donc pas, pour résoudre les équations (16), à effectuer de division.

Les équations (5) nous donnent ensuite

$$\frac{d\,\delta S}{d\tau_3} = -\,\delta B_3 + \sum u\,\frac{dv}{d\tau_3},$$

ce qui montre que δB_3 est égal au terme constant de $\displaystyle\sum u\,\frac{dv}{d\tau_3}$. Les équations (12) donnent

$$\frac{d\,\delta H}{dm} = B_2\,\frac{d\,\delta v_2}{dm} + \delta B\,\frac{dv}{dm} + \delta B_2\,\frac{dv_2}{dm} + \sum Q\,\frac{dq}{dm}.$$

Tout étant connu excepté δB, cela détermine δB.

Venons enfin aux équations (15). Dans ces équations, τ_1 n'intervenant pas, tout se passe comme si δc était nul; $\delta g = \dfrac{\delta v_3}{v}$ est connu;

on vient donc de déterminer δS et δB; tout est donc connu, sauf

$$\delta x, \quad \delta y, \quad \delta X, \quad \delta Y.$$

Ces quantités se détermineront donc facilement par l'intégration des équations (15); on démontrerait comme au numéro précédent qu'il ne peut pas s'introduire de termes séculaires.

367. Passons au troisième cas :

3° μ est divisible par E_1 et par E_2. On peut alors éviter une intégration.

Les équations (5) nous donnent

$$\frac{d\,\delta S}{dE_1} = \sum u\,\frac{dv}{dE_1},$$

car x_0, X_0, z_1, Z_1 ne dépendent pas de E_1; si alors δS et v sont homogènes de degrés q_1 et k en E_1, on en tire

$$q_1\,\delta S = \sum kuv.$$

ce qui détermine δS.

On a ensuite

$$\frac{d\,\delta S}{dE_2} = \delta z\,\frac{dZ_1}{dE_2} - \delta Z\,\frac{dz_1}{dE_2} + \sum u\,\frac{dv}{dE_2},$$

$$\frac{d\,\delta S}{d\tau_2} = \delta z\,\frac{dZ_1}{d\tau_2} - \delta Z\,\frac{dz_1}{d\tau_2} - \delta B_2 + \sum u\,\frac{dv}{d\tau_2},$$

ce qui détermine δz et δZ, la constante δB_2 pouvant être choisie arbitrairement. Puis

$$\frac{d\,\delta S}{d\tau_3} = -\delta B_3 + \sum u\,\frac{dv}{d\tau_3}, \qquad \frac{d\,\delta S}{d\tau_1} = -\delta B_1 + \sum u\,\frac{dv}{d\tau_1},$$

ce qui montre que δB_3 et δB_1 sont égaux aux termes constants de

$$\sum u\,\frac{dv}{d\tau_3}, \qquad \sum u\,\frac{dv}{d\tau_1}.$$

Il reste à déterminer δB et δg, d'où dépend δv_2; pour cela nous nous servirons des équations (12), qui nous donnent

$$\frac{d\,\delta H}{dE_1} = B_2\,\frac{d\,\delta v_2}{dE_1} + \sum \delta B\,\frac{dv}{dE_1} + \sum Q\,\frac{dq}{dE_1}.$$

Dans le coefficient de δB, nous pouvons remplacer les ν par leurs valeurs approchées, $\nu = n_1 - n_2$, $\nu_1 = c_0 \nu$, ...; dans ces conditions, les ν ne dépendent pas de E_1 et il reste

$$\frac{d\,\delta H}{dE_1} = B_2 \frac{d\,\delta\nu_2}{dE_1} + \sum Q \frac{dq}{dE_1},$$

et l'on aurait de même

$$\frac{d\,\delta H}{dE_2} = B_2 \frac{d\,\delta\nu_2}{dE_2} + \sum Q \frac{dq}{dE_2};$$

et l'on en déduit

$$q_1\,\delta H = \qquad B_2 q_1\,\delta\nu_2 \qquad + \sum k Q q,$$

$$q_2\,\delta H = B_2(q_2 - 2)\,\delta\nu_2 + \sum k' Q q,$$

q étant supposé homogène de degrés k et k' tant en E_1 qu'en E_2. De ces deux équations on tirerait δH et $\delta\nu_2$ (d'où δg).

Le procédé deviendrait illusoire pour $q_2 = 0$, mais dans ce cas l'argument τ_2 et par conséquent $\delta\nu_2$ n'interviennent pas.

On trouve ensuite

$$\frac{d\,\delta H}{dm} = B_2 \frac{d\,\delta\nu_2}{dm} + \delta B \frac{d\nu}{dm} + \sum \delta B_i \frac{d\nu_i}{dm} + \sum Q \frac{dq}{dm},$$

d'où l'on tire δB.

On déterminera enfin δx, δy, δX, δY par le moyen des équations (15); dans les seconds membres tout est connu, à l'exception de la constante δc. On disposera de cette constante de façon à faire disparaître les termes séculaires, qui cette fois ne sont pas nuls d'eux-mêmes. La détermination de toutes nos inconnues est donc achevée.

368. Cette méthode a été exposée, mais sous une forme et avec des notations différentes, dans le Tome XVII du *Bulletin astronomique*, p. 87 et 167. Quand on veut l'expression analytique des coefficients, elle présente l'avantage de rendre plus rapide le travail de substitution (puisqu'on n'a qu'à faire les substitutions dans Φ'_1, au lieu de les faire dans les trois dérivées de cette fonction) et d'amener à l'intégration d'un système du deuxième ordre au lieu du quatrième. Elle est susceptible de plusieurs variantes ·

1° Nous pouvons employer un artifice analogue à celui des n°⁵ 327 et 347, en envisageant un problème plus général que le problème proposé. Nous avons

$$\Phi'_1 = \frac{\Sigma X^2}{2} - \frac{m_1 + m_2}{r} - n_2(Xy - Yx) - n_2^2 \frac{2x^2 - y^2 - z^2}{2} - n_2^2 \Theta,$$

le dernier terme $-n_2^2\Theta$ représentant l'ensemble des termes contenant en facteur α ou E_3. Prenons la formule plus générale

$$\Phi'_1 = \frac{\Sigma X^2}{2} - \frac{m_1 + m_7}{r} + n_2(Xy - Yx)$$

$$- n_2^2 \frac{x^2 + y^2 - z^2}{4} - 3h^2 \frac{x^2 - y^2 - z^2}{4} - h^2\Theta,$$

qui se réduit à la première pour $h = n_2$. Au n° 347, nous avons posé

$$n_2 = p\nu, \qquad h = m\nu;$$

nous poserons cette fois, ce qui revient au même,

$$n_2 = m\nu, \qquad h = \beta m\nu.$$

Nous appliquerons ensuite la méthode en développant, non plus seulement suivant les puissances de α et des E, mais suivant celles de β, de α et des E, de telle façon que x_0, par exemple, représente l'ensemble des termes indépendants de α, des E *et de* β. Le nombre des termes à calculer se trouve un peu augmenté; en revanche, x_0, y_0, X_0, Y_0, z_1, Z_1 se réduisent à un seul terme en $\cos\tau$, $\sin\tau$, $\cos\tau_2$ ou $\sin\tau_2$.

2° On pourrait, au contraire, achever d'abord le développement par rapport à α en regardant les E comme nuls, puis développer ensuite par rapport aux E, en regardant x_0 par exemple comme l'ensemble des termes de degré zéro par rapport aux E seulement, mais de degré quelconque par rapport à α. Ou bien développer d'abord par rapport à E_1 et E_2, et ensuite par rapport à α et E_3. Cela entraîne dans la méthode quelques petites modifications sur lesquelles nous n'insisterons pas.

3° Au lieu de prendre les coordonnées rectangulaires x, y, z et leurs variables conjuguées X, Y, Z, on peut prendre les coordonnées polaires et leurs variables conjuguées. La méthode fondée uniquement sur les propriétés des équations canoniques restera applicable, sauf quelques modifications de détail.

Théorèmes d'Adams.

369. Reprenons l'équation du n° 362,

$$\frac{d\Omega''}{dt} = \Phi'_1 + \sum x \frac{dX}{dt} - H,$$

où cette fois $\sum x X$ signifie $xX + yY + zZ$. Posons

$$V = \Omega'' - \sum \frac{xX}{2};$$

il viendra

$$\frac{dV}{dt} = \Phi'_1 + \frac{1}{2} \sum x \frac{dX}{dt} - \frac{1}{2} \sum X \frac{dx}{dt} - H.$$

Mais

$$\frac{dx}{dt} = \frac{dF'}{dX} = \frac{d\Phi'_1}{dX}, \qquad \frac{dX}{dt} = -\frac{dF'}{dx} = -\frac{d\Phi'_1}{dx}.$$

Donc

$$\frac{dV}{dt} = \Phi'_1 - \frac{1}{2} \sum x \frac{d\Phi'_1}{dx} - \frac{1}{2} \sum X \frac{d\Phi'_1}{dX} - H.$$

Soit

$$\Phi'_1 = \sum \varphi_k,$$

φ_k représentant l'ensemble des termes homogènes de degré k en x, y, z, X, Y, Z; on aura, en vertu du théorème des fonctions homogènes,

$$\sum x \frac{d\Phi'_1}{dx} + \sum X \frac{d\Phi'_1}{dX} = \sum k \varphi_k,$$

d'où

$$\frac{dV}{dt} = \sum \left(1 - \frac{k}{2}\right) \varphi_k - H.$$

V étant une fonction périodique, H ne sera autre chose que le terme constant de $\left(1 - \dfrac{k}{2}\right) \varphi_k$.

Mais, si l'on néglige la parallaxe, on a

$$\Phi'_1 = \frac{\Sigma X^2}{2} - \frac{m_1 + m_7}{r} + n_2(Xy - Yx) - n_2^2 \, P_2 A C^2 \left(\frac{a'}{BD}\right)^3$$

(*cf.* n° 315).

Tous les termes sont homogènes de degré 2, sauf le terme en $\dfrac{1}{r}$, qui est de degré -1. Donc

$$\sum \left(1 - \frac{k}{2}\right)\varphi_k = \frac{3}{2}\frac{m_1 + m_7}{r}.$$

Donc, si la parallaxe est nulle, H *n'est autre chose que le terme constant de* $\frac{1}{r}$, *au facteur constant près*

$$\frac{3}{2}(m_1 + m_7).$$

370. Cela posé, prenons l'équation (9) du n° 363,

$$dH = \sum B\, d\nu.$$

Comme ν et ν_3 ne dépendent ni de E_1 ni de E_2, elle nous donne

$$(17)\qquad
\begin{cases}
\dfrac{dH}{dE_1} = B_1\dfrac{d\nu_1}{dE_1} + B_2\dfrac{d\nu_2}{dE_1} = \sum B\dfrac{d\nu}{dE_1}, \\[2ex]
\dfrac{dH}{dE_2} = B_1\dfrac{d\nu_1}{dE_2} + B_2\dfrac{d\nu_2}{dE_2} = \sum B\dfrac{d\nu}{dE_2},
\end{cases}$$

d'où

$$(18)\qquad E_1\frac{dH}{dE_1} + E_2\frac{dH}{dE_2} = \sum B\left(E_1\frac{d\nu}{dE_1} + E_2\frac{d\nu}{dE_2}\right).$$

Soit

$$H = H_0 + H_2 + H_4 + \ldots,$$

H_k représentant l'ensemble des termes de degré k par rapport à E_1 et E_2, et de degré quelconque en α et E_3. Le théorème des fonctions homogènes nous donne

$$E_1\frac{dH}{dE_1} + E_2\frac{dH}{dE_2} = 2H_2 + 4H_4 + \ldots.$$

Donc $2H_2$ représente l'ensemble des termes de degré 2 dans le second membre de (18). Or B_1 et B_2 sont divisibles respectivement par E_1^2 et E_2^2; d'autre part, $E_1\dfrac{d\nu}{dE_1} + E_2\dfrac{d\nu}{dE_2}$ s'annule avec E_1 et E_2. Donc les termes du second degré sont nuls, donc

$$H_2 = 0.$$

Donc les coefficients de E_1^2 et de E_2^2 sont nuls quels que soient

α et E_3 dans le développement de H; ils sont donc nuls, si $\alpha = 0$ et quel que soit E_3 dans le développement du terme constant de $\dfrac{1}{r}$.

371. Soit maintenant

$$H_4 = a E_1^4 + 2 b E_1^2 E_2^2 + c E_2^4.$$

Soient

$$\nu_1 = \lambda_1 + \mu_1 E_1^2 + \mu'_1 E_2^2 + \ldots,$$
$$\nu_2 = \lambda_2 + \mu_2 E_1^2 + \mu'_2 E_2^2 + \ldots,$$
$$B_1 = \beta E_1^2 + \ldots, \qquad B_2 = \gamma E_2^2 + \ldots$$

les premiers termes des développements de ν_1, ν_2, β, γ suivant les puissances de E_1 et de E_2; ces coefficients a, b, c, λ, μ, β, γ sont eux-mêmes des fonctions de E_3 ou de α, ou de E_3 seulement si nous supposons $\alpha = 0$.

Les équations (17) nous donnent alors

$$4 a E_1^3 + 4 b E_1 E_2^2 + \ldots = 2 \beta \mu_1 E_1^3 + 2 \gamma \mu_2 E_1 E_2^2 + \ldots,$$
$$4 b E_1^2 E_2 + 4 c E_2^3 + \ldots = 2 \beta \mu'_1 E_1^2 E_2 + 2 \gamma \mu'_1 E_2^3 + \ldots,$$

d'où

$$2 a = \beta \mu_1, \qquad 2 b = \beta \mu'_1 = \gamma \mu_2, \qquad 2 c = \gamma \mu'_2,$$

ou

$$\frac{a}{\mu_1} = \frac{b}{\mu'_1}, \qquad \frac{b}{\mu_2} = \frac{c}{\mu'_2}.$$

C'est là une relation entre les coefficients du développement de ν_1 et de ν_2, et par conséquent de c et de g d'une part, et ceux du développement de H, et par conséquent (en supposant $\alpha = 0$) du terme constant de $\dfrac{1}{r}$.

CHAPITRE XXX.

ACTION DES PLANÈTES.

372. Pour étudier l'action d'une planète troublante sur le système formé par le Soleil et une planète troublée, on commence par former les équations du mouvement de ce système comme si la planète troublante n'existait pas. Ce mouvement est alors képlérien et, en seconde approximation, on étudie les perturbations de ce mouvement képlérien par la planète troublante; pour cela on applique la méthode de la variation des constantes.

Nous opérerons absolument de la même manière pour étudier le mouvement du système quadruple formé par le Soleil, la Terre, la Lune et une planète. Comme première approximation, nous intégrerons les équations du mouvement du système triple : Soleil, Terre, Lune; c'est ce que nous avons fait dans les Chapitres précédents; nous avons obtenu ainsi les coordonnées des trois astres de ce système en fonction du temps et d'un certain nombre de constantes d'intégration C. Nous devons ensuite étudier les perturbations de ce mouvement par la planète, c'est-à-dire déterminer les petites variations des constantes C dues à l'action de cette planète. Cette façon d'appliquer la méthode de la variation des constantes a été proposée et mise en œuvre par M. Newcomb.

Reprenons les notations des n°s 42 (t. 1, Chap. II) et 312 (Chap. XXIV). Soient

A la Lune,
B le Soleil,
C la Terre,
P la planète,
D le centre de gravité du système Terre, Lune,
G celui du système Terre, Lune, Soleil.

Soient

$$x_1, \quad x_2, \quad x_3, \quad m_1 = m_2 = m_3 \text{ les coordonnées et la masse de A};$$
$$x_4, \quad x_5, \quad x_6, \quad m_4 = m_5 = m_6 \qquad\qquad \text{»} \qquad\qquad \text{B};$$
$$x_7, \quad x_8, \quad x_9, \quad m_7 = m_8 = m_9 \qquad\qquad \text{»} \qquad\qquad \text{C};$$
$$x_{10}, \quad x_{11}, \quad x_{12}, \quad m_{10} = m_{11} = m_{12} \qquad\qquad \text{»} \qquad\qquad \text{P};$$

$$y_i = m_i \frac{dx_i}{dt}.$$

Soient

$$x'_1, \quad x'_2, \quad x'_3 \quad \text{les trois projections de AC};$$
$$x'_4, \quad x'_5, \quad x'_6 \qquad\qquad \text{»} \qquad\qquad \text{BD};$$
$$x'_{10}, \quad x'_{11}, \quad x'_{12} \qquad\qquad \text{»} \qquad\qquad \text{PG};$$

$$m'_1 = m'_2 = m'_3 = \frac{m_1 m_7}{m_1 + m_7};$$

$$m'_4 = m'_5 = m'_6 = \frac{m_4(m_1 + m_7)}{m_1 + m_4 + m_7};$$

$$m'_{10} = m'_{11} = m_{12} = \frac{m_{10}(m_1 + m_4 + m_7)}{m_1 + m_4 + m_7 + m_{10}};$$

$$y'_i = m'_i \frac{dx'_i}{dt}.$$

Soient

$$T = \frac{1}{2} \sum \frac{y^2}{m} = \frac{1}{2} \sum \frac{y'^2}{m'}$$

l'énergie cinétique et

$$U = -\left(\frac{m_1 m_4}{AB} + \frac{m_1 m_7}{AC} + \frac{m_4 m_7}{BC} \right) - \left(\frac{m_{10} m_1}{PA} + \frac{m_{10} m_4}{PB} + \frac{m_{10} m_7}{PC} \right)$$

l'énergie potentielle; $F = T + U$ l'énergie totale; nous aurons les équations canoniques

$$\frac{dx'_i}{dt} = \frac{dF}{dy'_i}, \qquad \frac{dy'_i}{dt} = -\frac{dF}{dx'_i}.$$

Nous diviserons T et U en plusieurs parties; nous poserons

$$T = T_1 + T_2 + T_3,$$
$$U = U_1 + U_2 + U_3 + U_4 + U_5 + U_6,$$

et

$$T_1 = \frac{1}{2} \sum \frac{y_i'^2}{m_i'} \qquad (i = 1, 2, 3),$$

$$T_2 = \frac{1}{2} \sum \frac{y_i'^2}{m_i'} \qquad (i = 4, 5, 6),$$

$$T_3 = \frac{1}{2} \sum \frac{y_i'^2}{m_i'} \qquad (i = 10, 11, 12),$$

$$U_1 = -\frac{m_1 m_7}{AC}, \qquad U_2 = -\frac{m_4(m_1 + m_7)}{BD},$$

$$U_3 = m_1 m_4 \left(\frac{1}{BD} - \frac{1}{AB}\right) + m_4 m_7 \left(\frac{1}{BD} - \frac{1}{BC}\right),$$

$$U_4 = -\frac{m_{10}(m_1 + m_4 + m_7)}{PG},$$

$$U_5 = m_4 m_{10}\left(\frac{1}{PG} - \frac{1}{PB}\right) + m_{10}(m_1 + m_7)\left(\frac{1}{PG} - \frac{1}{PD}\right),$$

$$U_6 = m_1 m_{10}\left(\frac{1}{PD} - \frac{1}{PA}\right) + m_7 m_{10}\left(\frac{1}{PD} - \frac{1}{PC}\right).$$

On voit que T_1 et U_1 dépendent seulement des coordonnées de la Lune (et des y_i' correspondants); T_2 et U_2 des coordonnées du Soleil; T_3 et U_4 de celles de la planète; U_3 de celles de la Lune et du Soleil; U_5 de celles de la planète et du Soleil, et enfin U_6 de celles de la Lune, du Soleil et de la planète.

373. Il faut maintenant voir quel est l'ordre de grandeur de ces différentes quantités. Je supposerai que l'on ait pris une unité de longueur de l'ordre de BD, de telle sorte que AC soit de l'ordre de la parallaxe α, ce que j'écrirai

$$BD \sim 1, \qquad AC \sim \alpha;$$

je prendrai de même une unité de masse de l'ordre de la masse du Soleil m_4, de sorte que

$$m_4 \sim 1.$$

Pour les planètes inférieures, on aura

$$m_{10} \sim m_7, \qquad PD \sim 1.$$

Pour les grosses planètes, m_{10} sera beaucoup plus grand que m_7;

mais en revanche PA, PB, PC seront beaucoup plus grands que 1, et cela fera une sorte de compensation; nous admettrons donc dans tous les cas

$$m_{10} \sim m_7, \qquad \mathrm{PD} \sim 1.$$

Nous trouvons ainsi

$$\mathrm{T}_1 \sim \mathrm{U}_1 \sim \frac{m_1 m_7}{\alpha},$$
$$\mathrm{T}_2 \sim \mathrm{U}_2 \sim m_7,$$
$$\mathrm{U}_3 \sim \alpha^2 m_1,$$
$$\mathrm{T}_3 \sim \mathrm{U}_4 \sim m_7,$$
$$\mathrm{U}_5 \sim m_7^2, \qquad \mathrm{U}_6 \sim \alpha^2 m_1 m_7.$$

Nous poserons maintenant

$$\mathrm{F} = \mathrm{F}' + \mathrm{F}'',$$
$$\mathrm{F}'_0 = \mathrm{T}_2 + \mathrm{T}_3 + \mathrm{U}_2 + \mathrm{U}_4, \qquad \mathrm{F}' = \mathrm{F}'_0 + \mathrm{U}_5,$$
$$\mathrm{F}' = \mathrm{T}_2 + \mathrm{T}_3 + \mathrm{U}_2 + \mathrm{U}_4 + \mathrm{U}_5,$$
$$\mathrm{F}''_0 = \mathrm{T}_1 + \mathrm{U}_1 + \mathrm{U}_3, \qquad \mathrm{F}'' = \mathrm{F}''_0 + \mathrm{U}_6.$$

Nous observons :

1° Que F' ne dépend pas des coordonnées de la Lune;
2° Que U_3 et U_6 sont négligeables devant F';
3° Que T_1 et U_1 ne dépendent que des coordonnées de la Lune.

Il en résulte qu'en ce qui concerne les coordonnées du Soleil et de la planète, nous pouvons nous contenter des équations

$$(1) \qquad \frac{dx'_i}{dt} = \frac{d\mathrm{F}'}{dy'_i}, \qquad \frac{dy'_i}{dt} = - \frac{d\mathrm{F}'}{dx'_i} \qquad (i = 4, 5, 6, 10, 11, 12).$$

Pour la détermination des coordonnées de la Lune, nos équations se réduisent à

$$(2) \qquad \frac{dx'_i}{dt} = \frac{d\mathrm{F}''}{dy'_i}, \qquad \frac{dy'_i}{dt} = - \frac{d\mathrm{F}''}{dx'_i} \qquad (i = 1, 2, 3).$$

374. En première approximation, nous négligerons U_5 devant F'_0, et U_6 devant F'_0. Dans ces conditions, nos équations se réduisent à

$$(1\,bis) \qquad \frac{dx'_i}{dt} = \frac{d\mathrm{F}'_0}{dy'_i}, \qquad \frac{dy'_i}{dt} = - \frac{d\mathrm{F}'_0}{dx'_i} \qquad (i = 4, 5, 6, 10, 11, 12),$$

$$(2\,bis) \qquad \frac{dx'_i}{dt} = \frac{d\mathrm{F}'_0}{dy'_i}, \qquad \frac{dy'_i}{dt} = - \frac{d\mathrm{F}''_0}{dx'_i} \qquad (i = 1, 2, 3).$$

Or on voit que F'_0 se compose de deux parties, l'une dépendant seulement des coordonnées du Soleil et l'autre de celles de la planète, et que F'''_0 n'est autre chose que la fonction $m'_1\Phi_1$ du n° 312 (Chap. XXIV). D'où cette conséquence que, si l'on se borne aux équations (1 *bis*) et (2 *bis*), le mouvement du Soleil B par rapport au point D et celui de la planète P par rapport au point G sont des mouvements képlériens.

D'autre part, le mouvement de la Lune par rapport à la Terre est celui qui a été étudié dans les Chapitres XXV à XXIX. Nous supposerons donc qu'on a complètement déterminé ce mouvement en appliquant les procédés exposés dans ces Chapitres.

Les quantités

$$x'_i, \quad y'_i \qquad (i = 4, 5, 6, 10, 11, 12)$$

s'exprimeront donc en fonctions du temps et des douze éléments (canoniques ou elliptiques, cf. n° 58) de l'orbite de B autour de D et de celle de P autour de G, ou bien, si l'on préfère, en fonctions des deux longitudes moyennes de B dans son mouvement képlérien autour de D et de P dans son mouvement képlérien autour de G, et des dix autres éléments (canoniques ou elliptiques) des deux orbites.

Les quantités

$$x'_i, \quad y'_i \qquad (i = 1, 2, 3)$$

pourront s'exprimer en fonctions du temps, des six éléments de l'orbite elliptique de B autour de D et de six autres constantes d'intégration, ou bien encore en fonctions : 1° de la longitude moyenne du Soleil, c'est-à-dire de l'argument τ_3 ; 2° des cinq autres éléments de l'orbite elliptique du Soleil ; 3° des trois arguments τ, τ_1, τ_2 ; 4° des trois constantes E_1, E_2, m (ou de trois fonctions quelconques de ces trois constantes et des cinq éléments de l'orbite solaire).

375. Ainsi nos 18 variables x'_i, y'_i se trouvent exprimées en fonctions de 5 arguments variant proportionnellement au temps, qui sont les deux longitudes moyennes de B et de P, et les trois arguments τ, τ_1, τ_2, et de 13 constantes d'intégration.

Quand on a intégré les équations (1 *bis*) et (3 *bis*), on connaît les relations qui relient les 18 variables, ces 5 arguments et ces 13 constantes.

Supposons maintenant que nous poussions plus loin l'approximation et que nous revenions aux équations (1) et (2). Nous pourrons alors définir 18 variables nouvelles qui seraient liées aux 18 variables anciennes x' et y' par les mêmes relations que l'étaient nos 5 arguments et nos 13 constantes quand nous nous contentions des équations (1 *bis*) et (2 *bis*). Ces 18 variables pourront être regardées comme les *éléments osculateurs* des trois orbites de B autour de D, de P autour de G, de A autour de C. Seulement ces éléments osculateurs ne seront plus, les uns des fonctions linéaires du temps, les autres des constantes; tout ce que nous pouvons dire, c'est qu'à cause de la petitesse des termes complémentaires U_5 et U_6, les uns varieront *à peu près* proportionnellement au temps, et les autres *très lentement*.

Opérant tout à fait comme au n° 79 (t. I, Chap. IV), nous allons faire un changement de variables en prenant pour variables nouvelles ces 18 éléments osculateurs; mais, pour l'application de la méthode de Lagrange, il convient de choisir ces variables (que nous n'avons pas encore complètement définies) de telle façon que la forme canonique des équations ne soit pas altérée.

1° Pour les 6 éléments du Soleil, nous choisirons les éléments canoniques

$$L, \quad \xi_1, \quad \xi_2, \quad \lambda, \quad \eta_1, \quad \eta_2,$$

définis au n° 58. La longitude moyenne λ n'est autre chose que notre argument τ_3; d'ailleurs $\sqrt{\overline{\xi_1^2 + \eta_1^2}}$ sera de l'ordre de E_3, et pourrait jouer le même rôle que E_3 dans l'analyse des Chapitres précédents. Dans ces conditions,

$$(3) \qquad x'_4\, dy'_4 + x'_5\, dy'_5 + x'_6\, dy'_6 - \lambda\, dL - \sum \eta\, d\xi$$

est une différentielle exacte, ce qui est la condition pour que les équations conservent la forme canonique.

2° Pour les 6 éléments de la planète, nous choisirons également les éléments canoniques

$$L, \quad \xi_1, \quad \xi_2, \quad \lambda, \quad \eta_1, \quad \eta_2$$

du n° 58. Mais d'ailleurs ces éléments ne joueront aucun rôle dans l'analyse qui va suivre; et en ce qui les concerne, les équations (1) nous donneraient simplement les perturbations du mouvement de la planète par le système Terre-Lune supposé réduit à un point mathématique; ces perturbations ont été déterminées dans le Tome I.

3° Pour les 6 éléments de la Lune, nous prendrons les 3 arguments τ, τ_1, τ_2 et les 3 constantes B, B_1, B_2 du Chapitre précédent. Si nous rapprochons les formules

$$\sum x'\, dy'' = \sum x\, dX + (Xy - Yx)\, du,$$

$$\sum x\, dX - d\Omega'' = \sum A'\, dw - \frac{\Phi'_1\, dw_2}{n_2},$$

$$\Phi'_1 = \Phi_1 + n_2(Xy - Yx),$$

$$u = w_2 = \tau_3, \qquad y'_i = m'_1 y''_i,$$

$$\sum x\, dX - d\Omega'' = \sum B\, d\tau - E_3 \Phi\, d\tau_3,$$

$$\sum x'\, dy'' - d\Omega'' = \sum A'\, dw - \frac{\Phi_1\, dw_2}{n_2}$$

des n°s 318, 320 (Chap. XXIV) et 360 (Chap. XXIX), nous pourrons écrire

$$m'_1\, d\Omega'' = \sum x'_i\, dy'_i - \sum m'_1 B_i\, d\tau_i + m'_1 E_3 \Phi\, d\tau_3 - m'_1 (Xy - Yx)\, d\tau_3.$$

Toutes ces formules supposent que les éléments du Soleil, et en particulier E_3, sont regardés comme des constantes. Si nous supposons de plus $d\tau_3 = o$, nous verrons que l'expression

$$(4) \qquad x'_1\, dy'_1 + x'_2\, dy'_2 + x'_3\, dy'_3 - m'_1 (B\, d\tau + B_1\, d\tau_1 + B_2\, d\tau_2)$$

est une différentielle exacte, en supposant que les six éléments solaires (en y comprenant E_3 et τ_3) soient regardés comme des constantes.

Il vaudra mieux d'ailleurs écrire la relation précédente sous la forme suivante (en divisant par m'_1),

$$d\Omega'' = \sum x'\, dy'' - \sum B\, d\tau + E_3 \Phi\, d\tau_3 - (Xy - Yx)\, d\tau_3,$$

ou, mieux encore, nous remarquerons que τ_3 ne joue pas le même rôle que les autres arguments τ et nous mettrons en évidence le terme en $d\tau_3$ en posant

$$\sum B\,d\tau = B\,d\tau + B_1\,d\tau_1 + B_2\,d\tau_2$$

et en écrivant par conséquent dans les formules précédentes

$$\sum B\,d\tau + B_3\,d\tau_3$$

au lieu de $\sum B\,d\tau$, ce qui donne

$$d\Omega'' = \sum x'\,dy'' - \sum B\,d\tau - d\tau_3(B_3 - E_3\Phi - Xy + Yx).$$

Nous rappellerons ensuite la formule

$$\frac{\Phi_1'}{n_2} = K + E_3\Phi$$

du n° 360, et nous poserons

$$B_3 = \frac{G}{n_2} - K.$$

Nous aurons alors

$$(5) \qquad d\Omega'' = \sum x'\,dy'' - \sum B\,d\tau - (G - \Phi_1)\frac{d\tau_3}{n_2};$$

cette formule suppose que tous les éléments solaires, sauf τ_3, sont des constantes. Si nous regardons de plus τ_3 comme une constante, nous aurons l'expression

$$(4\ bis) \qquad \sum x'\,dy'' - \sum B\,d\tau,$$

qui sera une différentielle exacte.

376. Nous n'avons pas à revenir sur ce qui concerne les équations (1). On intègre d'abord les équations approchées (1 bis), qui définissent le mouvement képlérien de la planète par rapport au point G, et du Soleil par rapport au point D; on en déduira l'intégrale des équations exactes (1) par la méthode de la variation des constantes. Ce n'est pas autre chose que l'étude des perturbations mutuelles de la planète et du système Terre-Lune (supposé concentré en son centre de gravité D), étude qui a été faite complètement dans le Tome I. Passons donc aux équations (2), que nous

écrirons

$$(6) \qquad \frac{dx'_i}{dt} = \frac{d\,\dfrac{F''}{m'_1}}{dy''_i}, \qquad \frac{dy''_i}{dt} = -\frac{d\,\dfrac{F''}{m'_1}}{dx'_i}.$$

Nous allons prendre pour variables nouvelles les éléments canoniques solaires et les six variables τ, τ_1, τ_2, B, B_1, B_2. Les coordonnées x', les y'' et Ω'' vont être des fonctions de ces six variables τ et B, de τ_3, et des cinq autres éléments solaires que j'appellerai les γ_i.

La formule (5) suppose que ces γ_i sont constants; si on les regarde comme variables, cette formule doit être complétée et l'on doit écrire

$$(5\ bis) \qquad d\Omega'' = \sum x'\,dy'' - \sum B\,d\tau - (G - \Phi_1)\frac{d\tau_3}{n_2} + \sum \Gamma_i\,d\gamma_i,$$

en posant

$$\Gamma_i = \frac{d\Omega''}{d\gamma_i} - \sum x'\frac{dy''}{d\gamma_i}.$$

Pour savoir ce que vont devenir les équations (6) par ce changement de variables, il faut se reporter au théorème du n° **12**. Dans ce numéro on envisage un système d'équations canoniques où F dépend explicitement du temps; on fait un changement de variables, les variables nouvelles x' et y' étant fonctions des variables anciennes x et y et du temps t. On suppose que

$$\sum x'\,dy' - \sum x\,dy$$

soit une différentielle exacte, *en supposant* $dt = 0$, et que

$$\sum x'\,dy' - \sum x\,dy - W\,dt$$

soit une différentielle exacte pour $dt \gtreqless 0$; dans ce cas les équations conservent la forme canonique, mais la fonction F doit être remplacée par $F - W$.

Nous pouvons appliquer ici ce théorème, car, les équations (1) étant intégrées, les éléments γ_i et τ_3 peuvent être regardés comme des fonctions connues du temps. Nous pouvons donc écrire

$$(5\ ter) \qquad d\Omega'' = \sum x'\,dy'' - \sum B\,d\tau + W\,dt,$$

en posant

$$W = (\Phi_1 - G)\frac{1}{n_2}\frac{d\tau_3}{dt} + \sum \Gamma_i \frac{d\gamma_i}{dt},$$

et les équations (6) deviendront

$$(7) \qquad \frac{dB}{dt} = \frac{d\Phi_2}{dt}, \qquad \frac{d\tau}{dt} = -\frac{d\Phi_2}{dB},$$

en posant

$$\Phi_2 = \frac{F''}{m'_1} - W.$$

Il est bon de remarquer que cette analyse ne suppose nullement qu'on ait choisi pour les γ_i les éléments canoniques du Soleil, qu'on peut tout aussi bien choisir des fonctions quelconques de ces six éléments canoniques et en particulier les éléments elliptiques.

377. Nous devons parmi les éléments solaires faire une distinction ; les coordonnées x, y, z, telles qu'elles ont été calculées dans les Chapitres précédents, dépendent de τ_3, anomalie moyenne du Soleil, ainsi que de l'excentricité solaire E_3, et du grand axe de l'orbite solaire inversement proportionnel à la parallaxe α. Elles ne dépendent pas des trois autres éléments qui sont la longitude du périhélie terrestre et les angles qui définissent l'orientation de l'écliptique mobile par rapport aux axes fixes. Il en est de même de X, Y, Z et Ω'' ; ces fonctions sont également indépendantes de ces trois derniers éléments, que j'appellerai les *éléments d'orientation*.

Nous avons écrit plus haut

$$\sum x'\, dy'' = \sum x\, dX + (Xy - Yx)\, d\tau_3,$$

mais en supposant $d\gamma_i = 0$. En regardant les γ_i comme des variables il convient d'écrire

$$\sum x'\, dy'' = \sum x\, dX + (Xy - Yx)\, d\tau_3 + \sum A_i\, d\gamma_i,$$

d'où

$$\sum x'\frac{dy''}{d\gamma_i} = \sum x\frac{dX}{d\gamma_i} + A_i.$$

Si γ_i est un élément d'orientation, on aura

$$\frac{d\Omega''}{d\gamma_i} = \frac{dX}{d\gamma_i} = 0,$$

et par conséquent

$$\Gamma_i = \frac{d\Omega''}{d\gamma_i} - \sum x \frac{dX}{d\gamma_i} - A_i = - A_i.$$

Qu'est-ce maintenant que A_i? Si les trois éléments d'orientation γ_1, γ_2, γ_3 subissent trois accroissements $d\gamma_1$, $d\gamma_2$, $d\gamma_3$, tout se passera comme si les axes mobiles des x, y, z subissaient trois rotations infiniment petites, par rapport aux axes fixes des x'_1, x'_2, x'_3. Si l'on s'arrange pour que les axes mobiles coïncident à l'origine des temps avec les axes fixes, ces trois rotations s'opéreront autour des trois axes et l'on aura

$$A_1 = \sum x' \frac{dy''}{d\gamma_1} - \sum x \frac{dX}{d\gamma_1} = Y z - Z y,$$

$$A_2 = \sum x' \frac{dy''}{d\gamma_2} - \sum x \frac{dX}{d\gamma_2} = Z x - X z,$$

$$A_3 = \sum x' \frac{dy''}{d\gamma_3} - \sum x \frac{dX}{d\gamma_3} = X y - Y x.$$

378. Si nous supposons que la masse m_{10} soit nulle, les γ_i se réduisent à des constantes ainsi que $\dfrac{d\tau_3}{dt}$, et l'on a

$$\frac{d\gamma_i}{dt} = 0, \qquad \frac{d\tau_3}{dt} = n_2, \qquad W = \Phi_1 - G.$$

On a d'autre part

$$F'' = F''_0 = T_1 + U_1 + U_3 = m'_1 \Phi_1,$$

d'où finalement

$$\Phi_2 = G.$$

G est fonction simplement des B et des γ_i; les équations canoniques se réduisent à

$$\frac{dB}{dt} = \frac{dG}{d\tau} = 0, \qquad \frac{d\tau_i}{dt} = \nu_i = - \frac{dG}{dB_i}.$$

Nous pourrons donc écrire

$$- dG = \nu \, dB + \nu_1 \, dB_1 + \nu_2 \, dB_2.$$

en regardant les γ comme des constantes. Si nous rapprochons de la formule du n° 363

$$d\mathrm{H} = \mathrm{B}\, d\nu + \mathrm{B}_1\, d\nu_1 + \mathrm{B}_2\, d\nu_2,$$

nous en tirerons

$$\mathrm{H} - \mathrm{G} = \mathrm{B}\nu + \mathrm{B}_1\nu_1 + \mathrm{B}_2\nu_2,$$

plus une fonction arbitraire des γ_i que nous pouvons supposer nulle. Nous aurions pu déduire cette même formule de la formule (9) du n° 363 qui peut s'écrire

$$\mathrm{H} = \mathrm{B}\nu + \mathrm{B}_1\nu_1 + \mathrm{B}_2\nu_2 + \mathrm{B}_3\nu_3 + \mathrm{K}\nu_3$$

et de la définition de G au n° 375 qui peut s'écrire

$$\mathrm{G} = \mathrm{B}_3\nu_3 + \mathrm{K}\nu_3.$$

379. Supposons maintenant que m_{10} ne soit pas nul; alors $\dfrac{d\gamma_i}{dt}$ ne sera plus nul, mais très petit; $\dfrac{d\tau_3}{dt}$ ne sera plus égal à une constante, mais nous pourrons poser

$$\frac{1}{n_2}\frac{d\tau_3}{dt} = 1 + \varepsilon,$$

ε étant très petit. Nous aurons d'autre part

$$\mathrm{F}'' = m_1'\Phi_1 + \mathrm{U}_6,$$

d'où enfin

$$\Phi_2 = \mathrm{G} + \frac{\mathrm{U}_6}{m_1'} + (\mathrm{G} - \Phi_1)\varepsilon - \sum \Gamma_i \frac{d\gamma_i}{dt}.$$

Nous pouvons poser encore

$$\mathrm{G} = \mathrm{G}_0 + \delta\mathrm{G},$$

G_0 étant ce que devient G quand on y remplace les γ_i par leurs valeurs initiales et étant, en conséquence, fonction seulement de B, B_1 et B_2, et $\delta\mathrm{G}$ étant très petit, puis écrire

$$\mathrm{R} = \frac{\mathrm{U}_6}{m_1'} + (\mathrm{G} - \Phi_1)\varepsilon - \sum \Gamma_i \frac{d\gamma_i}{dt},$$

d'où

$$\Phi_2 = \mathrm{G} + \mathrm{R},$$

ce qui nous donne finalement les équations

$$(8) \qquad \frac{d\mathrm{B}}{dt} = \frac{d\mathrm{R}}{d\tau}, \qquad \frac{d\tau}{dt} = -\frac{d\mathrm{G}}{d\mathrm{B}} - \frac{d\mathrm{R}}{d\mathrm{B}},$$

R étant très petit; nous pouvons dans les dérivées de R remplacer
les variables par leurs valeurs approchées; R et ses dérivées pourront alors être regardées comme des fonctions connues du temps.
Ce seront des fonctions périodiques par rapport aux cinq arguments

$$\tau, \quad \tau_1, \quad \tau_2, \quad \tau_3, \quad \tau_4,$$

τ_4 étant l'anomalie moyenne de la planète, lesquels arguments, réduits à leurs valeurs approchées, sont des fonctions linéaires du
temps. Les dérivées de R se présenteront donc sous la forme

$$\sum A \cos(\alpha t + \beta),$$

les A, les α et les β étant des constantes.

On aura alors les B par de simples quadratures; les B étant déterminés et les γ l'ayant été préalablement à l'aide des équations (1),
il en sera de même des dérivées $\frac{dG}{dB}$ qui ne dépendent que des B et
des γ; on pourra avoir les τ par quadrature. C'est absolument ce
que nous avons fait dans les Chapitres IV et V.

380. Il y a une autre manière de comprendre l'application de la
méthode de la variation des constantes. Si m_{10} était nul, nous
aurions certaines relations entre nos variables x'_i, y''_i ($i = 1, 2, 3$),
les éléments lunaires B et τ et les éléments solaires τ_3 et γ_i; soient

$$(9) \qquad \qquad \begin{aligned} x'_i \\ y''_i \end{aligned} = f(B, \tau, \gamma_i, \tau_3)$$

ces relations. Si m_{10} n'est pas nul, de sorte que les éléments de
l'orbite solaire soient variables, nous pouvons conserver les relations (9) comme définitions des éléments osculateurs B et τ; c'est
ce que nous avons fait jusqu'ici, mais on peut aussi opérer autrement.

Soient γ''_i les valeurs initiales des γ_i; soit

$$\tau_3^0 = n_2^0 t + \varepsilon_0,$$

n_2^0 et ε_0 étant les valeurs initiales de n_2 et de τ_3; remplaçons alors
les équations (9) par les suivantes :

$$(9 \ bis) \qquad \qquad \begin{aligned} x'_i \\ y''_i \end{aligned} = f(B, \tau, \gamma_i^0, \tau_3^0).$$

Ces six équations (9 *bis*) définiront les six éléments osculateurs B, B$_1$, B$_2$, τ, τ_1, τ_2. Les B et les τ définis par les équations (9 *bis*) ne sont pas les mêmes que les B et les τ définis par les équations (9), mais ils en diffèrent fort peu.

Remarquons que, les γ_i^0, n_2^0, ε_0 étant des constantes, les éléments solaires variables n'interviennent pas dans la nouvelle définition.

Que devient l'équation (5 *bis*)

$$d\Omega'' = \sum x'\, dy'' - \sum B\, d\tau - (G - \Phi_1)\frac{d\tau_3}{n_2} + \sum \Gamma_i\, d\gamma_i\,?$$

On doit y remplacer les γ_i, n_2 et τ_3 par γ_i^0, n_2^0 et τ_3^0; on a alors

$$d\gamma_i^0 = 0, \qquad \frac{d\tau_3^0}{n_2^0} = dt,$$

puisque les γ_i^0 et ε_0 sont des constantes, et il reste

$$d\Omega'' = \sum x'\, dy'' - \sum B\, d\tau - (G_0 - \Phi_1^0)\, dt.$$

De plus, comme Φ_1 dépend des constantes solaires, il faut remplacer Φ_1 (qui est une fonction des x', des y'', de τ_3 et des γ_i) par ce que devient cette fonction quand on y remplace γ_i et τ_3 par γ_i^0 et τ_3^0; je désigne par Φ_1^0 le résultat de cette substitution, d'où

$$W = \Phi_1^0 - G_0.$$

Nous aurons alors les équations

$$(7\ bis) \qquad \frac{dB}{dt} = \frac{d\Phi_2}{d\tau}, \qquad \frac{d\tau}{dt} = -\frac{d\Phi_2}{dB},$$

en posant

$$\Phi_2 = \frac{F''}{m_1'} - W = \Phi_1 + \frac{U_6}{m_1'} - (\Phi_1^0 - G_0),$$

d'où

$$\Phi_2 = G_0 + R, \qquad R = \frac{U_6}{m_1'} + (\Phi_1 - \Phi_1^0).$$

Remarquons que G_0 ne dépend que des B. Nous retombons donc sur des équations de la forme (8) qui se traitent de la même façon.

M. Newcomb (*Investigation of inequalities in the motion of the Moon produced by the action of the planets*, Washington, Carnegie Institution, juin 1907) emploie un procédé mixte; il emploie, en effet, le procédé du n° 379 pour les éléments d'orientation et celui du n° 380 pour les autres éléments.

381. En général, les termes provenant de l'action des planètes sont fort petits et ne deviennent sensibles que par l'effet des petits diviseurs si la période est très longue. Ils ne seront le plus souvent appréciables que dans le cas d'une double intégration, qui introduit au dénominateur le carré du petit diviseur. Nous aurons donc la partie la plus importante d'un terme à longue période en nous bornant à l'intégration des équations suivantes :

$$\frac{dB}{dt} = \frac{dR}{d\tau}, \qquad \frac{d\tau}{dt} = -\frac{dG}{dB}.$$

Nous négligeons ainsi dans le second membre de la seconde équation le terme $-\dfrac{dR}{dB}$ qui ne subirait qu'une simple intégration. Si nous appelons δB, $\delta\gamma$, $\delta\tau$ les inégalités dues à un terme donné δR de la fonction perturbatrice, et si g est ce que devient G quand on y remplace les B et les γ par leurs valeurs initiales, nous pourrons encore écrire

$$(10) \qquad \frac{d\,\delta B}{dt} = \frac{d\,\delta R}{d\tau}, \qquad \frac{d\,\delta\tau_i}{dt} = -\sum \frac{d^2 G}{dB_i\,dB_k}\,\delta B_k - \sum \frac{d^2 G}{dB_i\,d\gamma_k}\,\delta\gamma_k.$$

382. Nous devons distinguer *l'action directe* et *l'action indirecte* d'une planète. Si l'action directe existait seule, tout se passerait comme si, le Soleil B et la planète P assujettis à décrire des orbites képlériennes, l'un autour de D, l'autre autour de G, la Terre et la Lune étaient soumises à l'attraction de ces deux astres mobiles ; si l'action indirecte existait seule, tout se passerait comme si, la planète n'existant pas, le Soleil B était assujetti à décrire, par rapport à D, l'orbite troublée due à l'action de la planète.

Dans le cas des équations du n° 380, l'action directe provient du terme $\dfrac{U_0}{m_1}$ et l'action indirecte du terme $\Phi_1 - \Phi_1^0$ $\Big[$ dans ce cas, dans les équations (10), on doit remplacer G par G_0 et les dérivées $\dfrac{d^2 G}{dB_i\,d\gamma_k}$ sont nulles, car G_0 ne dépend que des B $\Big]$.

Dans le cas du n° 379, on obtiendra l'action directe à l'aide des équations (8), en regardant les γ_i et $\dfrac{d\tau_3}{dt}$ comme des constantes.

et en réduisant R au terme $\dfrac{U_6}{m_1'}$. On obtiendra l'action indirecte, en définissant les variations des γ_i et de $\dfrac{d\tau_3}{dt}$ par le moyen des équations (1) et en réduisant R aux termes

$$(G - \Phi_1)\varepsilon - \sum \Gamma_i \dfrac{d\gamma_i}{dt}.$$

Lorsque la planète troublante est très voisine du Soleil, l'action directe et l'action indirecte sont sensiblement égales et de signes contraires.

En effet, soit G_1 le centre de gravité de P et B. Dans le cas qui nous occupe, le point G_1 décrira une orbite sensiblement képlérienne autour de D, analogue à celle que décrirait le point B si la planète n'existait pas, mais dont le grand axe, pour un même moyen mouvement, se trouve multiplié par

$$\sqrt[3]{1 + \dfrac{m_{10}}{m_4}}.$$

Si à la limite nous négligeons la distance PB, tout se passe pour l'action directe comme si la masse du Soleil était augmentée de m_{10} et, en ce qui concerne l'action indirecte, comme si la distance BD était multipliée par

$$\sqrt[3]{1 + \dfrac{m_{10}}{m_4}};$$

il y a donc compensation en ce qui concerne les inégalités correspondantes (c'est-à-dire celles qui ne dépendent pas de l'angle PG_1D).

Il y a compensation aussi pour les inégalités proportionnelles à la distance PB (et qui contiennent cet angle PG_1D comme argument), car l'écart BG_1 multiplié par m_4 est égal à l'écart PG_1 multiplié par m_{10}. La compensation n'existe plus pour les inégalités proportionnelles aux puissances supérieures de PB, mais ces inégalités sont beaucoup plus faibles.

383. Nous devons distinguer deux sortes d'inégalités planétaires périodiques. Celles de la première sorte sont celles dont l'argument ne dépend que de τ_3 et de τ_4. Dans ce cas on a, en se reportant

aux équations (10),

$$\frac{d\,\delta R}{d\tau} = 0,$$

d'où

$$\delta B = 0. \qquad \frac{d\,\delta \tau_i}{dt} = -\sum \frac{d^2 G}{dB_i\,d\gamma_k}\,\delta\gamma_k.$$

Ces inégalités sont donc dues presque exclusivement à l'action indirecte (je veux dire que les termes provenant de l'action indirecte subissent seuls une double intégration), et l'action directe est négligeable surtout si la période est longue.

Les seuls γ_k dont dépend G sont E_3 et le grand axe solaire a'. Le terme en E_3 est de beaucoup le plus petit. On peut donc écrire

$$\frac{d\,\delta\tau_i}{dt} = -\frac{d^2 G}{dB_i\,da'}\,\delta a',$$

et comme on a d'autre part, λ étant la longitude solaire,

$$\frac{d\,\delta\lambda}{dt} = -\frac{3\,n_2}{2\,a'}\,\delta a',$$

on voit que les inégalités $\delta\tau$, $\delta\tau_1$, $\delta\tau_2$ sont sensiblement proportionnelles entre elles et à l'inégalité solaire $\delta\lambda$. L'inégalité $\delta\tau$ engendre une inégalité à longue période de la longitude vraie de la Lune ; les inégalités $\delta\tau_1$ et $\delta\tau_2$ engendrent des inégalités *concomitantes* à courte période de la longitude vraie. La principale de ces inégalités de la première sorte est engendrée par Vénus et a pour période $8\tau_1 - 13\tau_3$.

384. Les inégalités de la seconde sorte sont celles dont l'argument dépend de τ, τ_1 ou τ_2. Pour celles-là δB_k n'est plus nul. Au contraire, comme $\delta\gamma_k$ ne contient que des termes indépendants de τ, τ_1 ou τ_2, on devra faire $\delta\gamma_k = 0$, d'où

$$\frac{d\,\delta\tau_i}{dt} = -\sum \frac{d^2 G}{dB_i\,dB_k}\,\delta B_k.$$

Ces inégalités sont dues surtout à l'action directe. Pour les déterminer, nous écrirons U_6 *en négligeant la parallaxe* sous la forme

$$\frac{U_6}{m_1'\,m_{10}} = \frac{1 - 3\cos^2 PDA}{2\,PD^3}\,AC^2,$$

ou

$$\frac{U_6}{m_1'} = -\frac{m_{10}}{4\,PD^5}\left(\mathcal{A}\mathcal{A}' + 3\,\mathcal{B}\mathcal{B}' + 12\,\mathcal{C}\mathcal{C}' + 12\,\mathcal{D}\mathcal{D}' + 12\,\mathcal{E}\mathcal{E}'\right),$$

où

$$\mathcal{A} = x_1'^2 + x_2'^2 - 2x_3'^3, \qquad \mathcal{B} = x_1'^2 - x_2'^2,$$
$$\mathcal{C} = x_2'\,x_3', \qquad \mathcal{D} = x_1'\,x_3', \qquad \mathcal{E} = x_1'\,x_2',$$

et où $\mathcal{A}'$, $\mathcal{B}'$, $\mathcal{C}'$, $\mathcal{D}'$, $\mathcal{E}'$ sont formés avec les trois projections du vecteur PD, c'est-à-dire avec

$$x_{10}' + \lambda x_4', \quad x_{11}' + \lambda x_5', \quad x_{12}' + \lambda x_6',$$

où

$$\lambda = \frac{m_4}{m_4 + m_1 + m_7},$$

comme $\mathcal{A}$, $\mathcal{B}$, $\mathcal{C}$, $\mathcal{D}$ avec x_1', x_2', x_3'.

On voit que $\dfrac{\mathcal{A}'}{PD^5}$, $\dfrac{\mathcal{B}'}{PD^5}$, $\cdots$ dépendent seulement de τ_3 et τ_4, tandis que $\mathcal{A}$, $\mathcal{B}$, $\ldots$ ne contiennent que des arguments dépendant des coordonnées lunaires, à savoir (si l'on se borne aux termes elliptiques) des arguments de la forme

$$2j\tau_2 + k\tau_1 \qquad \text{pour} \quad \mathcal{A},$$
$$2\tau + 2\tau_3 +\qquad 2j\tau_2 + k\tau_1 \qquad \text{pour} \quad \mathcal{B} \text{ et } \mathcal{E},$$
$$\tau + \tau_3 + (2j-1)\tau_2 + k\tau_1 \qquad \text{pour} \quad \mathcal{C} \text{ et } \mathcal{D}.$$

Les principales inégalités de cette sorte sont celle de Hansen, due à l'action directe de Vénus, qui a pour argument

$$\tau_1 + 16\tau_3 - 18\tau_4 \qquad (\text{période } 239 \text{ ans})$$

provenant du terme en τ_1 de $\mathcal{A}$ et du terme en $16\tau_3 - 18\tau_4$ de $\dfrac{\mathcal{A}'}{PD^5}$, et celle de Neison, due à l'action directe de Jupiter, qui a pour argument $2\tau + 2\tau_3 - \tau_1 - 3\tau_4$ (période 37 ans), provenant du terme en $2\tau + 2\tau_3 - \tau_1$ de $\mathcal{B}$ et $\mathcal{E}$, et du terme en $3\tau_4$ de $\dfrac{\mathcal{B}'}{PD^5}$ et $\dfrac{\mathcal{E}'}{PD^5}$.

Je me bornerai à renvoyer pour plus de détails au Mémoire cité plus haut de M. Newcomb, ainsi qu'au Mémoire de M. Radau dans le Tome XXI des *Mémoires de l'Observatoire* et au résumé qu'en a fait Tisserand dans le Tome III de sa *Mécanique céleste*.

CHAPITRE XXXI.

ACCÉLÉRATIONS SÉCULAIRES.

385. Pour étudier les accélérations séculaires, nous devons d'abord nous reporter à ce que nous avons dit au Chapitre V, n° 105, au sujet de l'invariabilité des grands axes.

Soit plus généralement un système d'équations canoniques

$$(1) \qquad \frac{dx_i}{dt} = \frac{dF}{dy_i}, \qquad \frac{dy_i}{dt} = -\frac{dF}{dx_i}, \qquad F = F_0 + \mu R,$$

μ étant très petit. Je distinguerai deux sortes de variables x_i, que j'appellerai les x_i' et les x_i''; je désignerai de même par y_i' et y_i'' les variables conjuguées des x_i' et des x_i''.

Je supposerai que F_0 dépend seulement des x' et est indépendant des x'', des y' et des y''; quant à R, il dépend des quatre sortes de variables, mais il est périodique par rapport aux y' et aux y''. Nous supposerons en outre que R dépend directement du temps; plus précisément, nous supposerons que R est périodique par rapport aux y', aux y'' et à un certain nombre d'arguments w qui sont des fonctions *linéaires connues* du temps.

En première approximation, on a

$$\frac{dx'}{dt} = \frac{dF_0}{dy'} = 0, \qquad \frac{dx''}{dt} - \frac{dF_0}{dy''} = 0, \qquad \frac{dy''}{dt} = -\frac{dF_0}{dx''} = 0,$$

$$x' = \text{const.}, \qquad x'' = \text{const.}, \qquad y'' = \text{const.}, \qquad \frac{dy'}{dt} = -\frac{dF_0}{dx'} = \text{const.}$$

Pour la seconde approximation, nous remplacerons dans les dérivées de R les variables par les valeurs approchées que nous venons de trouver et nous aurons

$$\frac{dx'}{dt} = \mu \frac{dR}{dy'},$$

et le second membre se présentera sous la forme d'une série trigonométrique.

En effet, R est une fonction périodique des y', des y'' et des w; les w sont des fonctions linéaires connues du temps, il en est de même des premières valeurs approchées des y'; quant à celles des y'', ce sont des constantes.

Si nous supposons qu'il n'y a entre les $\dfrac{dF_0}{dx_i}$ et les $\dfrac{dw}{dt}$ (c'est-à-dire entre les moyens mouvements) aucune relation linéaire à coefficients entiers, les variations séculaires ne pourraient provenir que de ceux des termes de cette série trigonométrique qui sont indépendants à la fois des y' et des w. *Or tous ces termes disparaissent quand on différentie* R *par rapport à* y'_i. Donc il n'y a pas de termes séculaires dans les x'_i.

C'est là la généralisation du théorème sur l'invariabilité des grands axes.

Appliquons-le aux équations (8) du Chapitre précédent. G va jouer le rôle de F_0, R celui de μR, les B celui des x', les τ celui des y', et enfin τ_3 et τ_4 celui des w; nous n'aurons pas de variables analogues aux x'' et aux y'', tandis que dans les équations (5 *bis*) du n° 93, Chapitre IV, les L, les λ, les ρ et les ω jouaient respectivement le rôle des x', des y', des x'' et des y''; en première approximation on a

$$B = \text{const.}, \qquad \frac{d\tau}{dt} = -\frac{dG}{dB} = \text{const.}$$

En deuxième approximation on a

$$\frac{dB}{dt} = \frac{dR}{d\tau}.$$

Dans le second membre on remplace les B, les γ par leurs valeurs approchées qui sont des constantes, les τ, τ_3 et τ_4 par leurs valeurs approchées qui sont des fonctions linéaires du temps.

On obtient ainsi une série trigonométrique. Les termes de cette série qui sont indépendants à la fois des τ, de τ_3 et de τ_4, et d'où il pourrait résulter des variations séculaires, disparaîtront quand on différentiera par rapport à τ, à τ_1 ou à τ_2; donc *les quantités* B, B_1, B_2 *n'éprouvent aucune variation séculaire*.

386. Le numéro précédent nous apprend que les variations séculaires des B,

$$\delta B, \quad \delta B_1, \quad \delta B_2,$$

sont nulles. C'est sur cette circonstance que s'appuie Brown pour déterminer les accélérations séculaires

$$\delta \nu, \quad \delta \nu_1, \quad \delta \nu_2$$

des divers moyens mouvements. Pour cela rappelons la formule du n° 363 :

$$dH = B\,d\nu + B_1\,d\nu_1 + B_2\,d\nu_2.$$

Si nous regardons les B, H, ν_1 et ν_2 comme des fonctions de

$$\nu = \frac{n_2}{m},$$

de E_1 et de E_2, il viendra

$$(2)\quad \begin{cases} \dfrac{dH}{d\nu} = B + B_1\,\dfrac{d\nu_1}{d\nu} + B_2\,\dfrac{d\nu_2}{d\nu}, \\[2mm] \dfrac{dH}{dE_1} = \quad\quad B_1\,\dfrac{d\nu_1}{dE_1} + B_2\,\dfrac{d\nu_2}{dE_1}, \\[2mm] \dfrac{dH}{dE_2} = \quad\quad B_1\,\dfrac{d\nu_1}{dE_2} + B_2\,\dfrac{d\nu_2}{dE_2}. \end{cases}$$

Si nous négligeons E_1^2 et E_2^2 et par conséquent B_1 et B_2 qui sont respectivement divisibles par E_1^2 et E_2^2, il restera

$$\frac{dH}{d\nu} = B,$$

et par conséquent

$$\delta \frac{dH}{d\nu} = 0.$$

Les B, H et les ν sont fonctions non seulement des trois constantes lunaires ν, E_1 et E_2, mais encore de deux des constantes solaires, à savoir le demi-grand axe a' et l'excentricité E_3. En vertu du théorème d'Adams, H ne contient pas de termes en E_1^2 et E_2^2, de sorte qu'en négligeant les puissances supérieures de ces quantités on aura

$$\frac{dH}{dE_1} = \frac{dH}{dE_2} = \frac{d^2H}{d\nu\,dE_1} = \frac{d^2H}{d\nu\,dE_2} = 0,$$

et qu'il reste

$$(3)\quad \delta \frac{dH}{d\nu} = \frac{d^2H}{d\nu}\,\delta\nu + \frac{d^2H}{d\nu\,dE}\,\delta E_3 = 0.$$

Comme δE_3 est connu par la théorie des planètes, cette équation donnera $\delta \nu$. Nous trouverons ensuite

$$(4) \qquad \delta \nu_i = \frac{d\nu_i}{d\nu} \delta \nu + \frac{d\nu_i}{dE_3} \delta E_3.$$

Nous devons remarquer, en effet, qu'à ce degré d'approximation on a

$$E_1 \, \delta E_1 = E_2 \, \delta E_2 = 0,$$

et, comme B_1 étant divisible par E_1^2 nous pouvons écrire $B_1 = C_1 E_1^2$, il vient

$$(5) \qquad \delta B_1 = E_1^2 \, \delta C_1 + C_1 \, \delta(E_1^2) = 0,$$

d'où, puisque nous négligeons E_1^2,

$$\delta(E_1^2) = 0,$$

et de même $\delta(E_2^2) = 0$.

Les équations (3) et (4) déterminent les accélérations séculaires $\delta \nu$, $\delta \nu_1$, $\delta \nu_2$. Mais pour cela il faut se servir des expressions de ν_1 et de ν_2 en fonctions de ν et de E_3^2, ou, ce qui revient au même, de celles de c et de g en fonctions de m et de E_3^2. Il faut, d'autre part, connaître l'expression de H en fonction de ν et de E_3.

Il nous suffit de rappeler qu'en vertu du théorème d'Adams, quand on néglige la parallaxe, H n'est autre chose, à un facteur constant près, que le terme constant du développement trigonométrique de $\frac{1}{r}$.

387. Avant de pousser plus loin l'approximation en tenant compte de E_1^2 et E_2^2, commençons par remarquer que nous avons

$$(6) \qquad \delta \frac{d\nu_i}{d\nu} = \frac{d^2 \nu_i}{d\nu^2} \delta \nu + \frac{d^2 \nu_i}{d\nu \, dE_3} \delta E_3,$$

d'où il résulte que les équations (3), (4) et (6) nous donnent en première approximation

$$\delta \nu, \quad \delta \nu_i, \quad \delta \frac{d\nu_i}{d\nu}.$$

Cela va nous permettre de passer à la deuxième approximation.

Reprenons les notations du n° 371 et écrivons

$$H = H_0 + a\,E_1^4 + 2b\,E_1^2\,E_2^2 + c\,E_2^4 = H_0 + H_4,$$
$$\nu_1 = \lambda_1 + \mu_1\,E_1^2 + \mu'_1\,E_2^2,$$
$$\nu_2 = \lambda_2 + \mu_2\,E_1^2 + \mu'_2\,E_2^2,$$
$$B_1 = \beta\,E_1^2, \qquad B_2 = \gamma\,E_2^2.$$

Dans la première approximation, nous avons réduit H, ν_1 et ν_2 à leurs premiers termes, H_0, λ_1 et λ_2.

Passons à la deuxième approximation. Comme $\delta(E_1^2)$ et $\delta(E_2^2)$ sont de l'ordre de E_1^2 et E_2^2, nous voyons que

$$\delta H_4, \quad \delta\,\frac{dH_4}{d\nu}$$

qui sont des polynomes du deuxième degré en E_1^2, E_2^2, $\delta(E_1^2)$, $\delta(E_2^2)$, sont de l'ordre de E_1^4 ou E_2^4 et par suite négligeables, de sorte qu'on a

$$\delta\,\frac{dH}{d\nu} = \delta\,\frac{dH_0}{d\nu} = \frac{d^2 H_0}{d\nu^2}\,\delta\nu + \frac{d^2 H_0}{d\nu\,dE_3}\,\delta E_3.$$

D'autre part,

$$\frac{dH}{d\nu} = B + B_1\,\frac{d\nu_1}{d\nu} + B_2\,\frac{d\nu_2}{d\nu},$$

d'où, en nous rappelant que les δB sont nuls,

$$(7) \qquad \frac{d^2 H_0}{d\nu^2}\,\delta\nu + \frac{d^2 H_0}{d\nu\,dE_3}\,\delta E_3 = \beta\,E_1^2\,\delta\,\frac{d\nu_1}{d\nu} + \gamma\,E_2^2\,\delta\,\frac{d\nu_2}{d\nu}.$$

Comme dans tous les termes du second membre figure en facteur E_1^2 ou E_2^2, nous pourrons dans ce second membre remplacer $\delta\,\frac{d\nu_1}{d\nu}$ et $\delta\,\frac{d\nu_2}{d\nu}$ par leurs premières valeurs approchées, de sorte que l'équation (7) nous donnera la nouvelle valeur de $\delta\nu$.

388. Nous avons ensuite, pour les $\delta\nu_i$,

$$(8) \qquad \delta\nu_i = \frac{d\nu_i}{d\nu}\,\delta\nu + \frac{d\nu_i}{dE_3}\,\delta E_3 + \mu_i\,\delta(E_1^2) + \mu'_i\,\delta(E_2^2).$$

Il faudra cette fois, dans le calcul de $\frac{d\nu_i}{d\nu}$, $\frac{d\nu_i}{dE_3}$, tenir compte des termes $\mu_i\,E_1^2 + \mu'_i\,E_2^2$.

Pour calculer $\delta(E_1^2)$, nous nous servirons de l'équation (5) et nous y ferons

$$C_1 = \beta, \qquad \delta C_1 = \delta\beta = \frac{d\beta}{d\nu}\,\delta\nu + \frac{d\beta}{dE_3}\,\delta E_3.$$

Nous pourrons d'ailleurs, dans cette formule, remplacer $\delta\nu$ par sa première valeur approchée. On calculerait $\delta(E_2^2)$ de la même manière.

On peut considérer les développements des ν_i comme connus, et par conséquent aussi ceux des λ_i, μ_i, μ_i'. On connaît également celui de $\frac{1}{r}$, et par conséquent celui de H et ceux de H_0, a, b, c.

Quant à β et à γ, ils nous sont donnés par le théorème d'Adams du n° 371, d'où

$$\beta = \frac{2a}{\mu_1} = \frac{2b}{\mu_1'}, \qquad \gamma = \frac{2b}{\mu_2} = \frac{2c}{\mu_2'}.$$

On remarquera que, dans toute cette analyse, les éléments d'orientation ne jouent aucun rôle, d'où il suit immédiatement que les déplacements séculaires de l'écliptique ne peuvent exercer aucune influence sur l'accélération séculaire du mouvement de la Lune, ce qui confirme les résultats obtenus autrefois par M. Puiseux.

Il resterait à parler de ce qui concerne les inégalités dues à l'aplatissement terrestre; en l'absence de nouveaux travaux sur ce sujet, je me bornerai à renvoyer le lecteur au Tome III de la *Mécanique céleste* de Tisserand, pages 144 et suivantes.

FIN DE LA DEUXIÈME PARTIE DU TOME II.

TABLE DES MATIÈRES.

FIN DE LA TABLE DES MATIÈRES DE LA DEUXIÈME PARTIE DU TOME II.

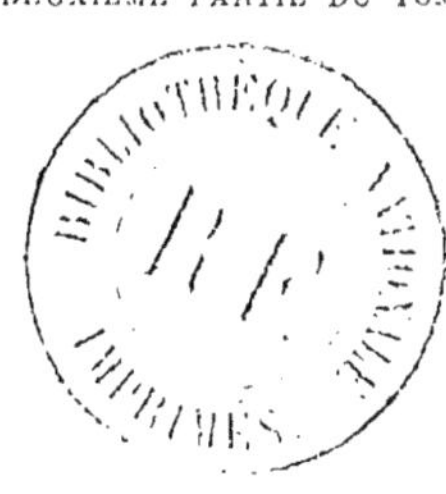

41443   PARIS. — IMPRIMERIE GAUTHIER-VILLARS,
Quai des Grands-Augustins, 55.

LA THÉORIE DE MAXWELL

ET LES OSCILLATIONS HERTZIENNES

LA TÉLÉGRAPHIE SANS FIL

Par H. POINCARÉ,
Membre de l'Institut.

TROISIÈME ÉDITION.

IN-8 (20 × 13) DE 97 PAGES AVEC 9 FIGURES, 1907; CARTONNÉ. **2 FR.**

Donner des phénomènes électriques une explication mécanique complète, réduisant les lois de la Physique aux principes fondamentaux de la Dynamique, c'est là un problème qui a tenté bien des chercheurs. N'est-ce pas cependant une question un peu oiseuse et où nos forces se consumeraient en pure perte?

Si elle ne comportait qu'une seule solution, la possession de cette solution unique, qui serait la vérité, ne saurait être payée trop cher. Mais il n'en est pas ainsi : on arriverait sans doute à inventer un mécanisme donnant une imitation plus ou moins parfaite des phénomènes électrostatiques et électrodynamiques. Mais, si l'on peut en imaginer un, on pourra en imaginer une infinité d'autres.

Il ne semble pas d'ailleurs qu'aucun d'entre eux s'impose jusqu'ici à notre choix par sa simplicité. Dès lors, on ne voit pas bien pourquoi l'un d'eux nous ferait, mieux que les autres, pénétrer le secret de la nature. Il en résulte que tous ceux que l'on peut proposer ont je ne sais quel caractère artificiel qui répugne à la raison...

S'il est oiseux de chercher à se représenter dans tous ses détails le mécanisme des phénomènes électriques, il est très important, au contraire, de montrer que ces phénomènes obéissent aux lois générales de la Mécanique.

Ces lois, en effet, sont indépendantes du mécanisme particulier auquel elles s'appliquent. Elles doivent se retrouver invariables à travers la diversité des apparences. Si les phénomènes électriques y échappaient, on devrait renoncer à tout espoir d'explication mécanique. S'ils y obéissent, la possibilité de cette explication est certaine, et l'on n'est arrêté que par la difficulté de choisir entre toutes les solutions que le problème comporte.

Mais comment nous assurons-nous de la conformité des lois ue l'Electrostatique et de l'Electrodynamique avec les principes de la Dynamique? C'est par une série de comparaisons; quand nous voudrons analyser un phénomène électrique, nous prendrons un ou deux phénomènes mécaniques bien connus et nous chercherons à mettre en évidence leur parfait parallélisme. Ce parallélisme nous sera ainsi un garant suffisant de la possibilité d'une explication mécanique.

L'emploi de l'Analyse mathématique ne servirait qu'à montrer que ces comparaisons ne sont pas seulement de grossiers rapprochements, mais qu'elles se poursuivent jusque dans les détails les plus précis. Les limites de cet Ouvrage ne me permettront pas d'aller aussi loin, et je devrai me borner à une comparaison pour ainsi dire qualitative.

Table des Matières.

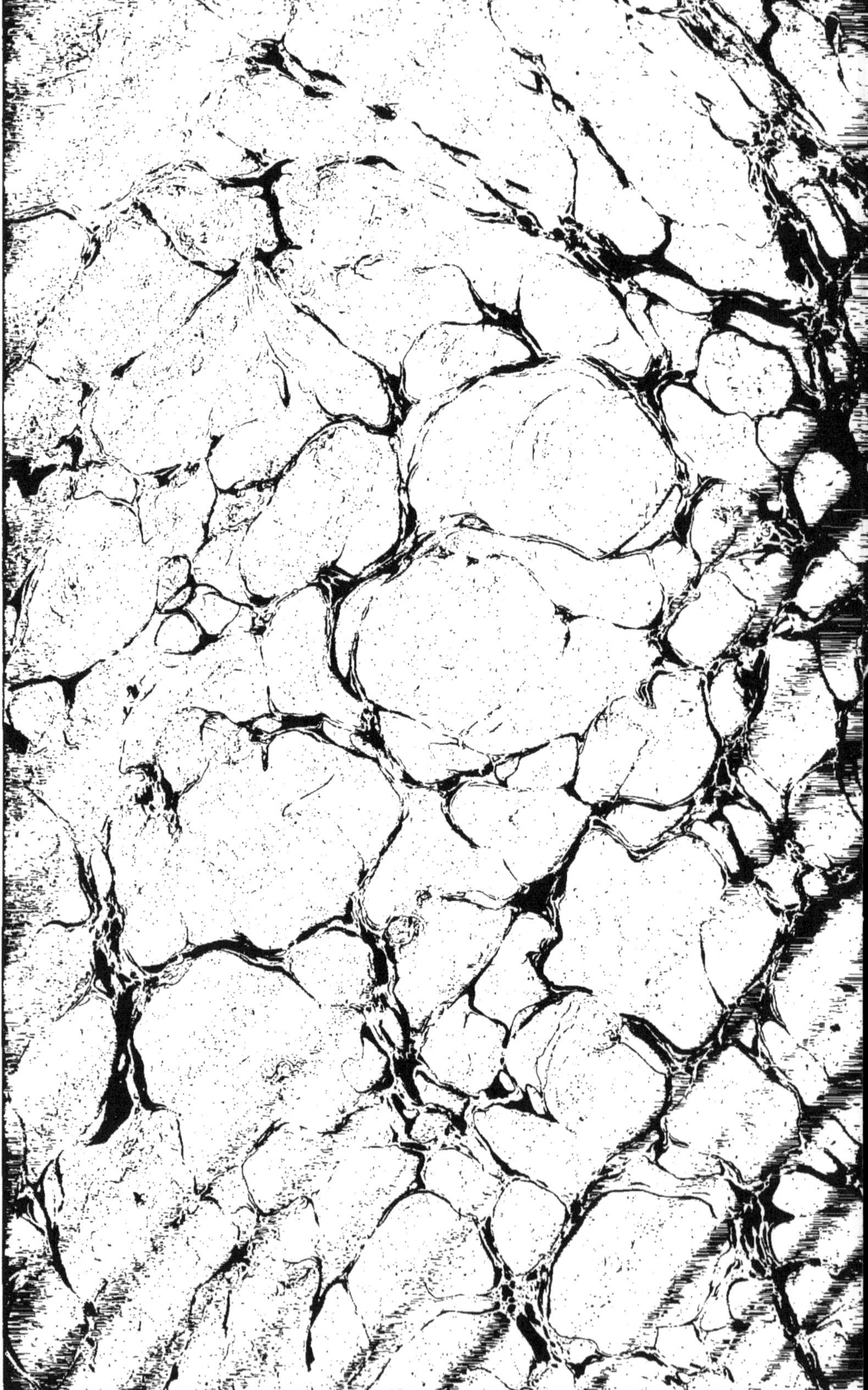